高等学校新工科应用型人才培养系列教材·计算机类

数据可视化基础与实践

谢东亮　黄天春　徐琴　廖宁　编著

刘振栋　王胜峰　主审

U0159771

西安电子科技大学出版社

内 容 简 介

数据可视化(Data Visualization)是借助于图形化手段,清晰有效地传达与沟通信息的重要技术,是数据加工和处理的基本方法之一,也是大数据开发与应用的最终环节和最重要的环节之一。它通过图形、图像、表格等技术更为直观地表达数据,从而为发现数据的隐含规律提供技术手段,并辅助用户分析数据,提供决策支撑服务。

本书共 8 章,第一章介绍数据可视化的基本概念、特征、目标、作用,可视化的流程以及数据可视化方法等;第二章介绍业界常用的数据可视化工具;第三章介绍利用读者最熟悉的电子表格软件 Excel 进行数据可视化的方法和步骤;第四章重点介绍利用开源工具 ECharts 进行 Web 可视化的方法;第五章介绍商业级可视化软件 Tableau 的特征、产品体系及基础操作;第六章介绍如何利用 Tableau 进行数据可视化设计,包括视图、仪表板等的创建方法;第七章、第八章通过综合项目实践让读者体会大数据开发的全过程,包括数据的采集、预处理、存储、分析、可视化等流程。

本书基础理论与实践相结合,内容深入浅出,并配合实际项目,适用于数据可视化方向的编程爱好者,也可作为高职高专及应用型本科学校大数据专业的教程。

本书配套提供源代码与 PPT,有需要的读者可扫描封面二维码获取。

图书在版编目(CIP)数据

数据可视化基础与实践 / 谢东亮等编著. —西安:西安电子科技大学出版社,
2020.12(2025.1 重印)
ISBN 978–7–5606–5950–3

Ⅰ. ① 数… Ⅱ. ① 谢… Ⅲ. ① 可视化软件 Ⅳ. ① TP31

中国版本图书馆 CIP 数据核字(2020)第 252086 号

策 划 李惠萍
责任编辑 李惠萍
出版发行 西安电子科技大学出版社(西安市太白南路 2 号)
电 话 (029)88202421 88201467 邮 编 710071
网 址 www.xduph.com 电子邮箱 xdupfxb001@163.com
经 销 新华书店
印刷单位 西安日报社印务中心
版 次 2020 年 12 月第 1 版 2025 年 1 月第 2 次印刷
开 本 787 毫米×1092 毫米 1/16 印 张 11.5
字 数 268 千字
定 价 28.00 元

ISBN 978–7–5606–5950–3

XDUP 6252001–2

如有印装问题可调换

前 言

大数据时代，海量数据不断增长，刺激着读者对数据可视化的诉求。俗话说，一图胜千字。可视化有助于读者快速理解相应的概念、信息特性等，并以此为基础进行概念解析与决策分析。同时，数据可视化也是大数据应用过程中的重要环节，数据工作者必须掌握数据可视化的基本概念、知识、工具和技术。

本书从数据可视化的基础知识入手阐述了数据的基本特征、可视化的作用与目标以及可视化的基本方法；介绍了通用的数据可视化工具，并遴选了其中几种常用的工具进行详细介绍；最后，以实际项目为依托详细介绍了数据可视化的完整实践过程。各章具体内容安排如下：

第一章介绍数据可视化的基本概念、特征、目标、作用，可视化的流程以及数据可视化的方法，如文本可视化、网络可视化、时空数据可视化等。

第二章介绍业界常用的数据可视化工具，包括 Microsoft Office Excel、Tableau、ECharts、FusionCharts、Modest Maps、jqPlot、D3.js 等。

第三章首先介绍读者最熟悉的电子表格软件 Microsoft Office Excel 的函数与图表知识，然后介绍利用 Microsoft Office Excel 进行数据可视化的方法和步骤。

第四章在介绍开源工具 ECharts 的基础架构之后，重点介绍利用 ECharts 进行 Web 可视化的方法，包括制作静态图表和结合 Java Servlet 知识制作动态图表。

第五章主要介绍了商业级可视化软件 Tableau 的特征、产品体系及在实际项目中的操作方法，并用案例对 Tableau 所采用的可视化技术进行了讲解。

第六章介绍如何利用 Tableau 进行数据可视化设计，从数据角色以及字段类型入手，讲解如何在 Tableau 中创建视图、仪表板等，以及如何保存自己的工作成果。最后，用实际工作案例讲解在 Tableau 中实现数据可视化的过程。

第七、八章通过综合项目实践让读者体会大数据开发的整个过程，包括利用 Flume 工具将数据采集到 Hadoop HDFS 文件系统，再结合使用 MapReduce 离线计算技术实现数据的预处理，结合 Hive 数据分析工具将数据分析结果转存到 MySQL 数据库中，最后使用 JavaEE 编程技术将 MySQL 的数据利用 AJAX 异步请求的方式读出到前端页面，利用 ECharts 图表组件进行数据可视化展现。

本书由谢东亮负责全书整体框架及第五、六章的编写；黄天春负责第一、二章的编写；徐琴负责第三、四章的编写；廖宁负责第七、八章的编写；刘振栋、王胜峰负责全书的审核、定稿。在本书的成书过程中北京雅丁信息科技有限公司提供了大量的技术支持和修改意见，在此深表谢意。同时，也感谢西安电子科技大学出版社李惠萍编辑给出的宝贵意见和鼎力支持。

　　尽管我们付出了很大的努力，书中可能仍存在不妥之处，欢迎读者朋友提出宝贵意见，我们将不胜感激。在阅读本书时，如果您发现有任何问题，可以通过邮件与我们联系，邮箱地址：donaldshieh@yeah.net，在此谨致谢意。

编　者

2020 年 11 月

目　　录

第一章　数据可视化基础

随着软件技术、通信技术、互联网技术，尤其是移动互联技术的发展，网络空间的数据量呈现出爆炸式增长。如何从这些数据中快速获取自己想要的信息，并以一种直观、形象的方式展现出来，这就是数据可视化要解决的核心问题。数据可视化，最早可追溯到 20 世纪 50 年代，它是一门关于数据视觉表现形式的科学技术。数据可视化是一个处于不断演变之中的概念，其边界在不断地扩大，主要指的是较为高级的数据处理技术方法，而这些技术方法允许利用图形图表处理、计算机视觉及用户界面等手段，通过表达、建模以及对立体、表面、属性及动画的显示，对数据加以可视化解释。与立体建模之类的特殊技术方法相比，数据可视化所涵盖的技术方法要广泛得多。本章将重点对数据可视化的基础知识、基本概念及数据可视化的常用方法进行详细介绍。

1.1　数据可视化基础

很多人认为数据可视化非常简单，无非是输入几组数据，生成简单的条形图、直线图等。然而，这未免有点管中窥豹。其实一旦数据量增大，可视化目标改变，可视化系统的复杂度可能就会超出我们的想象。因此要掌握好数据可视化技术，首先需要掌握数据可视化的基本特征、目标、作用及其工作流程。

1.1.1　可视化的基本特征

数据可视化是数据加工和处理的基本方法之一，它通过图形、图像、表格等技术更为直观地表达数据，从而为发现数据的隐含规律提供技术手段。通常，视觉所获信息占人类从外界获取信息的 80%左右，可视化是人们有效利用数据的最基本的方式。数据可视化使得数据更加友好、易懂，提高了数据资产的利用效率，更好地支持了人们对数据的认知和表达及数据在人机交互和决策支持等方面的应用，在金融、建筑、医学、地理学、机械工程、教育等领域发挥着重要作用。数据可视化的特征主要表现在以下四个方面：

1. 易懂性

可视化可以使数据更加容易被人们理解和认识，进而更加容易与人们的经验知识产生关联，使得碎片化的数据可以转换为具有特定结构的知识，从而为决策支持提供帮助。

2. 必然性

大数据所产生的数据量已经远远超出了人们直接阅读和操作数据的能力，必然要求人们对数据进行归纳总结和分析，对数据的结构和形式进行转换处理。

3. 片面性

数据可视化往往只是从特定的视角或者根据特定的需求表达数据，从而得到符合特定目的的可视化模式，所以只能反映数据规律的一个方面。数据可视化的片面性特征使得可视化模式不能替代数据本身，只能作为数据表达的一种特定形式。

4. 专业性

数据可视化与专业知识紧密相连，其形式需求也是多种多样的，如地图地貌、网络文本、电商交易、社交信息、卫星遥感影像等。专业化特征是人们从可视化模型中提取专业知识的环节，它是数据可视化应用的最后流程。

1.1.2 可视化的目标和作用

数据可视化与传统计算机图形学、计算机视觉等学科方向既有相通之处，也有较大的不同。数据可视化主要是通过计算机图形、图像等技术展现数据的基本特征和隐含规律，辅助人们认识和理解数据，进而支持从数据中获得需要的信息和知识。数据可视化的作用主要包括数据表达、数据操作和数据分析三个方面，它是以可视化技术支持计算机辅助数据认识的三个基本阶段。

1. 数据表达

数据表达是指通过计算机图形、图像、图表技术来更加友好地展示数据信息，方便人们阅读、认识、理解和运用数据。常见的形式如文本、表格、图表、图像、二维图形、三维模型、网络图、树结构、符号和电子地图等。

2. 数据操作

数据操作是指以计算机提供的界面、接口、协议等条件为基础完成人与数据的交互，数据操作需要友好的人机交互技术、标准化的接口和协议支持。以可视化为基础的人机交互技术包括自然交互、可触摸、自适应界面和情景感知等在内的新技术快速发展，极大地丰富了数据操作的方式。

3. 数据分析

数据分析是通过数据计算获得多维、多源、异构和海量数据所隐含信息的核心手段，它是数据存储、数据转换、数据计算和数据可视化的综合应用。可视化作为数据分析的最终环节，直接影响着人们对数据的认识和应用。友好、易懂的可视化成果可以帮助人们进行信息推理和分析，方便人们对相关数据进行协同分析，也有助于信息和知识的传播。

数据可视化可以有效地表达数据的各类特征，帮助人们推理和分析数据背后的客观规律，进而获得相关知识，提高人们认识数据的能力和利用数据的水平。

1.1.3　数据可视化流程

数据可视化是指对数据的综合运用，包括数据采集、数据处理、可视化模式和可视化应用四个步骤。

1. 数据采集

数据获取是通过 RFID 射频数据、传感器数据、社交网络交互数据、移动互联网数据和应用系统数据抽取等技术获得各种类型的结构化、半结构化和非结构化的海量数据，是数据知识服务模型的根本，也是数据处理的关键环节。按获取的方式不同，数据采集分为设备数据采集和互联网数据采集。

2. 数据处理

数据处理是指对原始的数据进行质量分析、预处理和计算等操作。常见的数据处理技术包括 MapReduce 分布式计算框架、Spark 分布式内存计算系统、Storm 分布式流计算系统等。数据处理的目标是保证数据的准确性、完整性、可用性。

3. 可视化模式

可视化模式是数据的一种特殊展现形式，常见的可视化模式有标签云、序列分析、网络结构、电子地图等。可视化模式的选取决定了可视化方案的雏形。

4. 可视化应用

可视化应用主要根据用户的主观需求展开，最主要的应用方式是用来观察和展示，通过观察和人脑分析进行推理和认知，辅助人们发现新知识或者得到新结论。可视化界面也可以帮助人们进行人与数据的交互，辅助人们完成对数据的迭代计算，通过若干步数据的计算、实验生产系列化的可视化成果。

1.2　数据可视化方法

数据可视化技术涵盖了传统的科学可视化和信息可视化两个方面，它以海量数据分析和信息挖掘为出发点，信息可视化技术将在数据可视化中扮演更为重要的角色。根据信息的特征可以把信息可视化技术分为一维、二维、三维、多维信息可视化，以及层次信息可视化(Tree)、网络信息可视化(Network)和时序信息可视化(Temporal)。多年来，研究者围绕上述信息类型提出了众多的信息可视化新方法和新技术，并获得了广泛的应用。

1.2.1　文本可视化

文本信息是大数据时代非结构化数据类型的典型代表，是互联网中最主要的信息类型。当下比较热门的物联网环境中各种传感器采集到的信息、微信相关的社交信息，以及人们日常工作和生活中接触到的电子文档都是以文本形式存在的。文本可视化的意义在于，能够将文本中蕴含的语义特征(例如词频与重要度、逻辑结构、主题聚类、动态演化规律等)直观地展示出来。

1. 标签云

图 1-1 所示是一种称为标签云(Word Clouds 或 Tag Clouds)的典型的文本可视化技术。它将关键词根据词频或其他规则进行排序,按照一定规律进行布局排列,用大小、颜色、字体等图形属性对关键词进行可视化。一般用字号大小代表该关键词的重要性,该技术多用于快速识别网络媒体的主题热度。

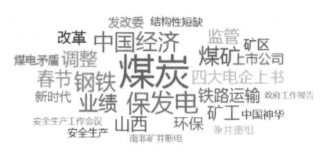

图 1-1　标签云举例

文本中通常蕴含着逻辑层次结构和一定的叙述模式,为了对结构语义进行可视化,研究者提出了文本的语义结构可视化技术。图 1-2 所示是两种可视化方法。图 1-2 中,一种是将文本的叙述结构语义以树的形式进行可视化,同时展现了相似度统计、修辞结构及相应的文本内容;另一种是以放射状层次圆环的形式展示文本结构。基于主题的文本聚类是文本数据挖掘的重要研究内容,为了可视化展示文本聚类效果,通常将一维的文本信息投射到二维空间中,以便于对聚类中的关系予以展示。

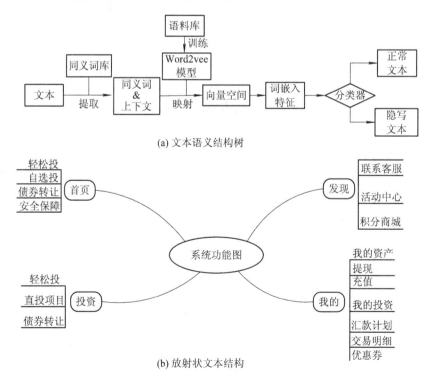

(a) 文本语义结构树

(b) 放射状文本结构

图 1-2　文本结构图

2. 动态文本时序信息可视化

有些文本的形成和变化过程与时间是紧密相关的，因此，如何将动态变化的文本中时间相关的模式与规律进行可视化展示，是文本可视化的重要内容。引入时间轴是一种主要方法，常见的技术以河流图居多。河流图按照其展示的内容可以划分为主题河流图、文本河流图及事件河流图等。

主题河流图(ThemeRiver)是一种特殊的流图，它主要用来表示事件或主题等在一段时间内的变化。图 1-3(a)所示是基于河流隐喻提出的文本流(TextFlow)方法，进一步展示了主题的合并和分支关系以及演变。图 1-3(b)所示为事件河流图(EventRiver)，其中将信息进行了聚类，并以气泡的形式展示出来。

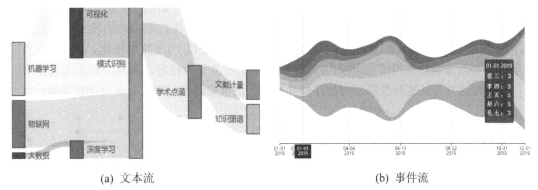

(a) 文本流　　　　　　　　　　　　　　　(b) 事件流

图 1-3　动态文本时序信息可视化

1.2.2　网络可视化

网络关联关系在大数据中是一种常见的关系。在互联网时代，社交网络可谓无处不在。社交网络服务是指基于互联网的人与人之间的相互联系、信息沟通和互动娱乐的运作平台。微信、QQ、腾讯微博、新浪微博、LinkedIn、Twitter 等都是当前互联网上较为常见的社交平台。基于这些社交平台提供的服务建立起来的虚拟化网络就是社交网络。

社交网络是一个网络型结构，其典型特征是该网络是由节点与节点之间的连接构成的。其中一个节点通常代表一个个人或者组织，节点之间的连接关系有朋友、亲属、关注或转发(微博)、支持或反对，或者拥有共同的兴趣爱好等关系。例如，图 1-4 所示为组织(社会)关系，节点表示成员或组织机构，两个节点之间的边代表这两个节点存在隶属关系。

图 1-4　社会网络图

层次结构数据也属于网络信息的一种特殊情况。基于网络节点和连接的拓扑关系，直观地展示了网络中潜在的模式关系，例如，节点或边聚集性是网络可视化的主要内容之一。对于具有海量节点和边的大规模网络，如何在有限的屏幕空间中进行可视化，将是大数据研究面临的难点和重点。此外，大数据相关的网络往往具有动态演化性，因此，如何对动态网络的特征进行可视化，也是不可或缺的研究内容。研究者提出了大量网络可视化或图可视化技术，如图1-5所示综述了图可视化的基本方法和技术。经典的基于节点和边的可视化是图可视化的主要形式。图中主要展示了具有层次特征的图可视化的典型技术，例如H状树(H-Tree)、圆锥树(Cone Tree)、气球图(Balloon View)、放射图(Radial Graph)、三维放射图(3D Radial)、双曲树(Hyperbolic Tree)等。对于具有层次特征的图，空间填充法也是常采用的可视化方法，例如，树图技术(Treemap)及其改进技术；如图1-6所示是基于矩形填充、Voronoi图填充、嵌套圆填充的树可视化技术。这些可视化技术方法的特点是直观地表达了图节点之间的关系，但算法难以支撑大规模(如百万个以上)图的可视化，并且只有当图的规模在界面像素总数规模范围以内(如百万个以内)时效果才较好，因此，对于大数据中的图，需要对这些方法进行改进，例如计算并行化、图聚簇简化可视化、多尺度交互等。

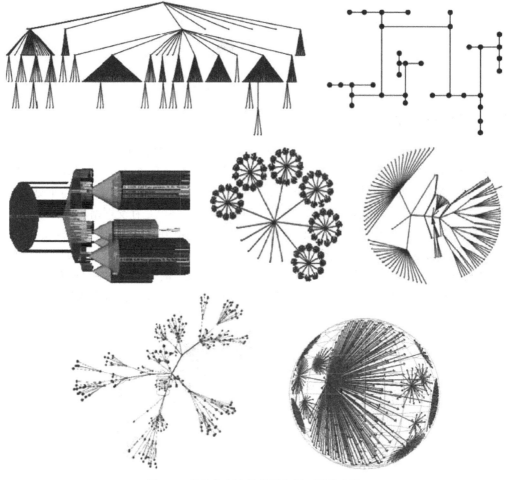

图 1-5　基于节点连接的图和树可视化方法

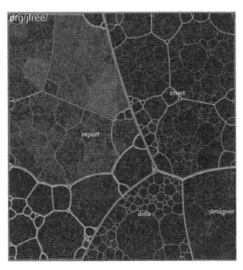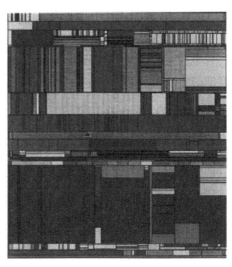

图 1-6　基于空间填充的树可视化

　　大规模网络中，随着海量节点和边的数目不断增多，例如，当节点与边的规模达到百万个以上时，可视化界面中会出现节点和边大量聚集、重叠和覆盖问题，使得分析者难以辨识可视化效果。图简化(Graph Simplification)方法是处理此类大规模图可视化的主要手段。另一种简化方法是对边进行聚集处理，如基于边捆绑(Edge Bundling)的方法，使得复杂网络可视化效果更为清晰。图 1-7 展示了 3 种基于边捆绑的大规模密集图可视化技术。

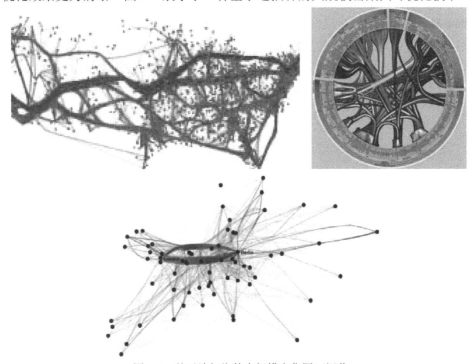

图 1-7　基于边捆绑的大规模密集图可视化

　　动态网络可视化的关键是如何将时间属性与图进行融合，其基本方法是引入时间轴。例如，StoryFlow 是一个对复杂故事中角色网络的发展进行可视化的工具,该工具能够将《碟中谍》中各角色之间的复杂关系随时间的变化，以基于时间线的节点聚类的形式展示出来。然而，这些例子涉及的网络规模较小。总体而言，目前针对动态网络演化的可视化方法的研究仍较少，大数据背景下对各类大规模复杂网络如社会网络和互联网等的演化规律的探究，将推动复杂网络的研究方法与可视化领域进一步深度融合。

1.2.3 时空数据可视化

时空数据是指带有地理位置与时间标签的数据。随着传感器与移动终端的迅速普及，时空数据已经成为大数据时代典型的数据类型。时空数据可视化与地理制图学相结合，重点对时间与空间维度，以及与之相关的信息对象属性建立可视化表征，对与时间和空间密切相关的模式及规律进行展示。大数据环境下时空数据的高维性、实时性等特点，也是时空数据可视化的重点。为了反映信息对象随时间进展与空间位置所发生的行为变化，通常通过信息对象的属性可视化来展现。

1. 流式地图(Flow Map)

流式地图是一种将时间事件流与地图进行融合的典型方法，图 1-8 所示为使用 Flow Map 分别对英国 1864 年的煤炭的出口情况，以及 1975—2009 年世界食品援助流向地图可视化的例子。当数据规模不断增大时，传统 Flow Map 就会出现图元交叉、覆盖等问题，这也是大数据环境下时空数据可视化面临的主要问题之一。为解决此问题，研究人员借鉴并的融合大规模图可视化的边捆绑方法，图 1-9 所示是对时间事件流做了边捆绑处理的流式地图(Flow Map)。

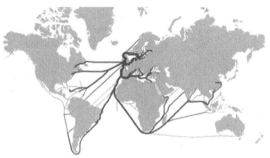

(a) 英国 1864 年煤炭出口

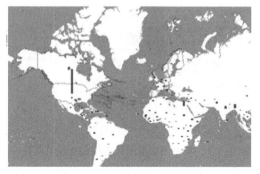

(b) 1975—2009 世界食品援助流向

图 1-8　流式地图

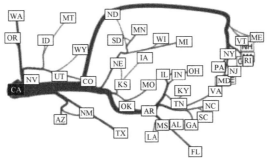

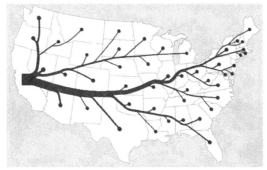

图 1-9 结合了边捆绑技术的流式地图

2. 时空立方体

为了突破二维平面的局限性，研究人员提出了一种三维方式，这种方式可将时间、空间及事件直观地展现出来，该方式被称为时空立方体(space-timecube)。时空立方体能够直观地对该过程中地理位置变化、时间变化、人员变化及特殊事件进行立体展现。然而，时空立方体同样面临着大规模数据造成的密集杂乱问题。解决这类问题的一类方法是结合散点图和密度图对时空立方体进行优化；另一类方法是对二维和三维进行融合，引入了堆积图(Stack Graph)，在时空立方体中拓展了多维属性显示空间。上述各类时空立方体适合对城市交通 GPS 数据、飓风数据等大规模时空数据进行展现。当时空信息对象属性的维度较多时，三维方式也面临着展现能力的局限性，因此，多维数据可视化方法常与时空数据可视化进行融合。

1.2.4 多维数据可视化

多维数据指的是具有多个维度属性的数据变量，广泛存在于基于传统关系数据库及数据仓库的应用中，例如，企业信息系统及商业智能系统。多维数据分析的目标是探索多维数据项的分布规律和模式，并揭示不同维度属性之间的隐含关系。多维数据可视化的基本方法包括基于几何图形、基于图标、基于像素、基于层次结构、基于图结构及混合方法。其中，基于几何图形的多维数据可视化方法是近年来主要的研究方向。大数据背景下，除了数据项规模扩张带来的挑战，高维数据所引起的问题也是研究的重点。

1. 散点图

散点图(Scatter Plot)是指在回归分析中，数据点在直角坐标系平面上的分布图，散点图表示因变量随自变量而变化的大致趋势，据此可以选择合适的函数对数据点进行拟合。散点图是最为常用的多维可视化方法，如二维散点图可将多个维度中的两个维度属性值集合映射至两条轴，在二维轴确定的平面内通过图形标记的不同视觉元素来反映其他维度属性值，并通过不同形状、颜色、尺寸等来代表连续或离散的属性值，如图 1-10(a)所示。

二维散点图能够展示的维度十分有限，研究者将其扩展到三维空间，通过可旋转的 Scatter Plot 方块(dice)扩展了可映射维度的数目，如图 1-10(b)所示。散点图适合对有限数目的较为重要的维度进行可视化，通常不适于需要对所有维度同时进行展示的情况。

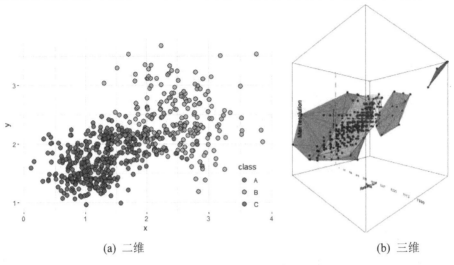

(a) 二维   (b) 三维

图 1-10　二维散点图和三维散点图

2. 投影

投影(Projection)是能够同时展示多维属性的数据可视化方法之一。如图 1-11 所示，将各维度属性列集合通过投影函数映射到一个方块形图形标记中，并根据维度之间的关联度对各个小方块进行布局。基于投影的多维可视化方法一方面反映了维度属性值的分布规律，另一方面也直观地展示了多维度之间的语义关系。

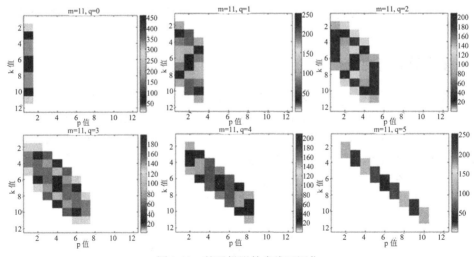

图 1-11　基于投影的多维可视化

3. 平行坐标

平行坐标(Parallel Coordinates)是研究和应用最为广泛的一种多维可视化技术，如图1-12所示，将维度与坐标轴建立映射，在多个平行轴之间以直线或曲线映射表示多维信息。

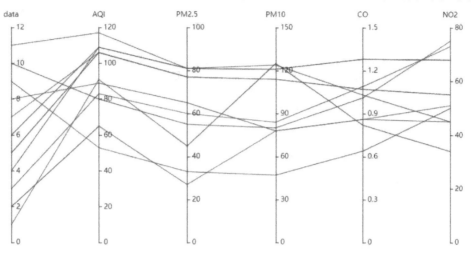

图 1-12 平行坐标多维可视化技术

近年来，研究者将平行坐标与散点图等其他可视化技术进行集成，提出了平行坐标散点图 PCP(Parallel Coordinate Plots)方式。如图1-13所示，将散点图和柱状图集成在平行坐标中，支持分析者从多个角度同时使用多种可视化技术进行分析。

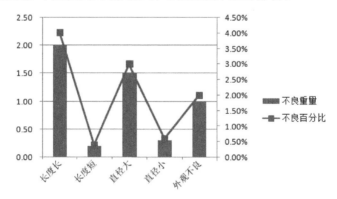

图 1-13 集成了散点图和柱状图的平行坐标工具 FlinaPlots

大数据环境下，平行坐标面临的主要问题之一是大规模数据项造成的线条密集与重叠覆盖问题，根据线条聚集特征对平行坐标图进行简化，形成聚簇可视化效果，如图1-14所示，将为这一问题提供有效的解决方法。

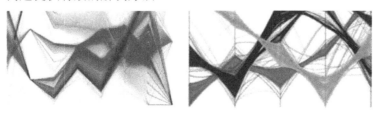

图 1-14 平行坐标图聚簇可视化

本 章 小 结

　　本章主要从数据可视化基础入手，主要对可视化的基本特征、可视化的目标和作用、数据可视化的流程进行了介绍，同时介绍了大数据可视化的基本方法，并重点介绍了文本可视化、网络可视化、时空数据可视化、多维数据可视化的方法。

第二章　数据可视化工具

在数字经济时代，人们需要对大量的数字进行分析，帮助用户更直观地察觉差异，做出判断，减少时间成本。当然，你可能想象不到这种数据可视化的技术可以追溯到 2500 年前世界上的第一张地图，但是，如今各种形态的数据可视化图表在帮助用户减少分析时间，快速做出决策中一直承担着重要的作用。

那么当今世界主流的数据可视化工具有哪些呢？我们在此给读者推荐业界主流的大数据可视化工具，包括 Microsoft Office Excel、Tableau、ECharts、FusionCharts、Modest Maps、jqPlot、D3.js、JpGraph、Highcharts、iCharts、FineReport 等。

2.1　Excel

Excel 是 Microsoft Office 的组件之一，是 Microsoft 为运行 Windows 和 Apple Macintosh 操作系统的计算机而编写的一款表格计算软件。Excel 是微软办公套装软件的一个重要组成部分，它可以进行各种数据的处理、统计分析、数据可视化显示及辅助决策操作，广泛地应用于销售管理、生产统计、财务管理、金融分析等众多领域。本节重点介绍 Excel 在数据可视化处理方面的应用。

1. 应用 Excel 的可视化规则实现数据的可视化展示

Microsoft Office Excel 2013 版本开始为用户提供了可视化规则，借助于该规则的应用可以使抽象数据变得更加丰富多彩，能够为数据分析者提供更加有用的信息和进行更方便的数据展示，如图 2-1 所示。

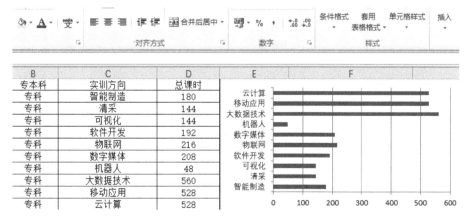

图 2-1　利用 Excel 的可视化规则实现数据的可视化展示

2. 应用 Excel 的图表功能实现数据的可视化展示

Excel 的图表功能可以将数据进行图形化，帮助用户更直观地显示数据，使数据对比和变化趋势一目了然，从而提高信息整体价值，更准确、直观地表达信息和观点。图表与工作表的数据相链接，当工作表数据发生改变时，图表也随之更新，反映出数据的变化。本节以 Microsoft Office Excel 2013 版本为例进行介绍。如图 2-2 所示，Excel 提供了柱形图、折线图、散点图、饼图、面积图等常用的数据展示形式供用户选择使用。

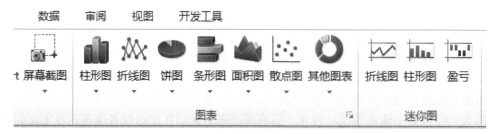

图 2-2　Excel 图表样式

3. 应用 Excel 的数据透视功能实现数据的汇总、分析、可视化展示

Excel 数据透视表是汇总、分析、浏览和呈现数据的好方法。通过数据透视表可轻松地从不同角度查看数据。可让 Excel 推荐数据透视表，或者手动创建数据透视表，如图 2-3 所示。

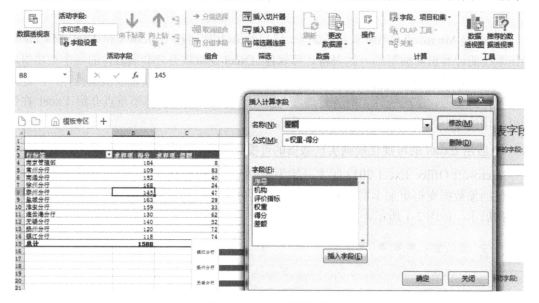

图 2-3　Excel 数据透视表

2.2　Tableau

Tableau 作为领先的数据可视化工具，具有许多理想和独特的功能。其强大的数据发现和探索应用程序允许您在几秒钟内回答重要的问题。您可以使用 Tableau 的拖放界面使任何数据可视化并探索不同的视图，甚至可以轻松地将多个数据库组合在一起。Tableau 不需要复杂的脚本,任何理解业务问题的人都可以通过相关数据的可视化来解决自己的问题。在分析完成后,若要与其他人共享结果只需将结果发布到 Tableau Server 即可,操作起来非常简单。

Tableau 为各种行业、部门和数据环境提供解决方案。以下是使用 Tableau 处理各种各样数据场景的独特功能。

· 分析速度:Tableau 不需要高水平的编程技能,任何有权访问数据的计算机用户都可以使用它并从数据中导出相关数值。

· 自我约束:Tableau 不需要复杂的软件设置。大多数用户使用的桌面版本很容易安装,并包含启动和完成数据分析所需的所有功能。

· 视觉发现:用户使用视觉工具(如颜色、趋势线、图形和表格)来探索和分析数据。只需编写很少的脚本,因为几乎一切都是通过拖放来完成的。

· 混合不同的数据集:Tableau 允许您实时混合不同的关系、半结构化和原始数据源,而无需昂贵的前期集成成本。用户不需要知道数据存储的细节。

· 体系结构无关性:Tableau 适用于数据流动的各种设备,因此,用户不必担心使用 Tableau 的特定硬件或软件要求。

· 实时协作:Tableau 可以即时过滤、排序和讨论数据,并在门户网站(如 SharePoint 或 Salesforce 网站)中嵌入实时仪表板。您可以保存数据视图,并允许同事订阅交互式仪表板,以便只需刷新其 Web 浏览器即可查看最新的数据。

· 集中数据:Tableau Server 提供了一个集中式位置,用于管理组织的所有已发布数据源。您可以在一个方便的位置删除、更改权限、添加标签和管理日程表。很容易安排提取数据的刷新并在数据服务器中管理它们。管理员可以集中定义服务器上提取数据的计划,用于增量刷新和完全刷新。

Tableau 的应用界面如图 2-4 所示。

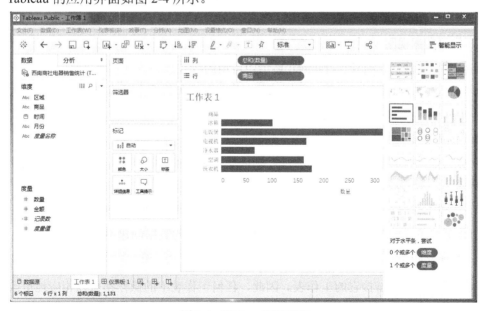

图 2-4 Tableau 应用界面

由于 Tableau 可以帮助我们分析许多时间段、维度和度量的大量数据，因此需要非常细致地规划来创建良好的仪表板或故事(工作表)。所以重要的是要知道设计一个好的仪表板的方法，以创建良好的工作表和仪表板。

虽然 Tableau 项目预期的最终结果是理想的仪表板与故事，但是有许多中间步骤需要完成才能达到这一目标。以下是创建有效仪表板时应该遵循的设计流程(如图 2-5 所示)。

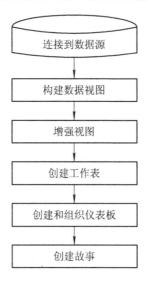

图 2-5　Tableau 设计流程

1. 连接到数据源

Tableau 连接到所有常用的数据源。它具有内置的连接器，在提供连接参数后负责建立连接。无论是简单文本文件、关系数据库源、NoSQL 数据库源或云数据库源，Tableau 几乎都能实现连接。

2. 构建数据视图

连接到数据源后，将获得 Tableau 环境中可用的所有列和数据。可以将它们分为维度、度量和创建任何所需的层次结构。使用这些，构建的视图传统上称为报告。Tableau 提供了轻松的拖放功能来构建视图。

3. 增强视图

上面创建的视图若需要进一步增强，则需要使用过滤器、聚合、轴标签、颜色和边框的格式。

4. 创建工作表

可以创建不同的工作表，以便对相同的数据或不同的数据创建不同的视图。

5. 创建和组织仪表板

仪表板包含多个链接它的工作表。因此，任何工作表中的操作都可以相应地更改仪表板中的结果。

6. 创建故事

故事是一个工作表，其中又包含一系列工作表或仪表板，它们一起工作以传达信息。您可以创建故事以显示事实如何连接，提供上下文，演示决策如何与结果相关，或者只是做出有说服力的案例。

2.3　ECharts

ECharts 是一个使用 JavaScript 实现的开源可视化库，可以流畅地运行在 PC 和移动设备上，兼容当前绝大部分浏览器(IE8/9/10/11、Chrome、Firefox、Safari 等)，底层依赖矢量图形库 ZRender，提供直观、交互丰富、可高度个性化定制的数据可视化图表。其支持折线图(区域图)、柱状图(条状图)、散点图(气泡图)、K 线图、饼图(环形图)、雷达图(填充雷达图)、和弦图、力导布局图、地图、仪表板、漏斗图等多类图表，同时提供坐标轴、网格、提示、图例、数据区域缩放、值域漫游、工具箱等 7 个可交互组件，支持多图表、组件的联动和混搭展现。其架构如图 2-6 所示(图中未显示全)。

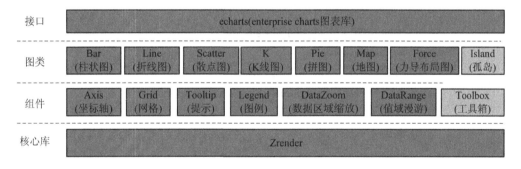

图 2-6　ECharts 架构图

ECharts 目前也是 Apache 支持的项目，其官网地址为：https://echarts.apache.org，在其官方网站上提供了非常多的示范图例，详见:https://echarts.apache.org/examples，如图 2-7 所示。

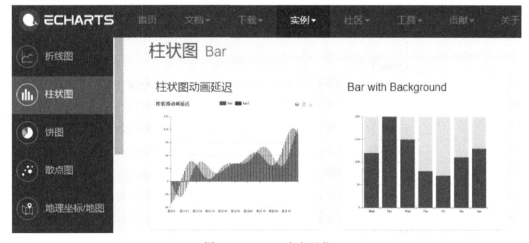

图 2-7　ECharts 官方示范

利用 ECharts 制作图表的基本步骤如下：

(1) 在页面中引入 echarts.min.js 库，代码如下：

```html
<head>
    <meta charset="utf-8">
    <!-- 引入 ECharts 文件 -->
    <script src="echarts.min.js"></script>
</head>
```

(2) 在页面中定义 DOM 容器，代码如下：

```html
<body>
    <!-- 为 ECharts 准备一个具备大小(宽高)的 Dom -->
    <div id="main" style="width: 600px;height:400px;"></div>
</body>
```

(3) 通过使用 echarts.init 方法来初始化一个 Echarts 实例和使用 setOption 方法生成一个简单的图形(如柱状图)，其核心代码如下：

```html
<body>
    <!-- 为 ECharts 准备一个具备大小(宽高)的 Dom -->
    <div id="main" style="width: 600px;height:400px;"></div>
    <script type="text/javascript">
        // 基于准备好的 Dom，初始化 Echarts 实例
        var myChart =echarts.init(document.getElementById('main'));
        // 指定图表的配置项和数据
        var option = {
            title: {
                text: 'ECharts 入门示例'
            },
            tooltip: {},
            legend: {
                data:['销量']
            },
            xAxis: {
                data: ["衬衫","羊毛衫","雪纺衫","裤子","高跟鞋","袜子"]
            },
            yAxis: {},
            series: [{
                name: '销量',
                type: 'bar',
                data: [5, 20, 36, 10, 10, 20]
            }]
        };
```

```
// 使用刚指定的配置项和数据显示图表
myChart.setOption(option);
</script>
</body>
```

这样就实现了 ECharts 图表的制作，访问 Web 页面的效果如图 2-8 所示。

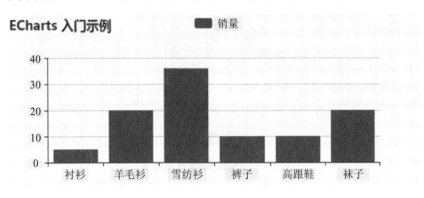

图 2-8　ECharts 图表示范

2.4　FusionCharts

FusionCharts 是 InfoSoft Global 公司的一款产品，InfoSoft Global 公司是专业的 Flash 图形方案提供商。

FusionCharts 是一个 Flash 的图表组件，它可以用来制作数据动画图表，其中动画效果用的是 Adobe Flash 8(原 Macromedia Flash)制作的 Flash。FusionCharts 可用于任何网页的脚本，语言类似于 HTML、.NET、ASP、JSP、PHP、ColdFusion 等，提供互动性和强大的图表。FusionCharts 使用 XML 作为其数据接口，并充分利用流体美观的 Flash 创建紧凑、具有互动性和视觉逮捕的图表。

FusionCharts 的主要特点有：

(1) 丰富的动画和交互图。

使用 FusionCharts，可以快速方便地向最终用户提供交互式动画图表。不同的图表类型支持不同形式的动画和交互性。

(2) 简单易用且功能强大的 AJAX/JavaScript 的一体化。

FusionCharts 提供先进的方法将图表与 AJAX 应用程序或 JavaScript 模块相结合。用户可以随时更新客户端的图表，调用 JavaScript 函数的热点链接，实现 XML 数据的动态刷新。Fusioncharts 的应用效果如图 2-9 所示。

(3) 易于使用。

使用 FusionCharts，用户不必在自己的服务器上安装任何软件。用户需要做的只是复制粘贴 SWF 文件到自己的服务器上。因此，即使在一些服务器不允许安装 ActiveX 或其他组件的情况下，FusionCharts 都可以顺利运行。

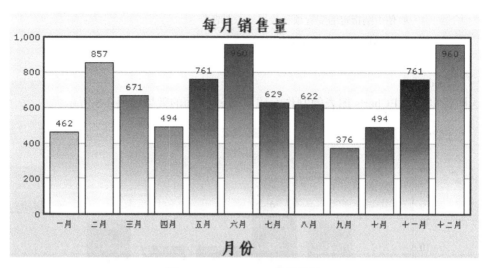

图 2-9　FusionCharts 应用效果

FusionCharts 使图表创建过程简易方便。因为它使用 XML 作为它的数据源，所有用户需要做的是将自己的数据转换为 XML 格式，再使用一种编程语言或使用可视化的 GUI 生成 FusionCharts 支持的互动和动画图表。

(4) 可运行在各种平台上。

FusionCharts 使用 XML 作为数据接口，可以运行在任何服务器和任何脚本语言环境下。若要查看图表，用户只需要安装 Adobe Flash Player，与此同时几乎每个浏览器都嵌入了 Adobe Flash Player。

(5) 降低服务器的负载。

在传统的基于图像的绘制系统中，图表、图像生成在服务器端。每个图表需要提供给用户，客户端则需要预先下载图表。这样的模式对服务器资源和网络带宽资源要求非常高。

FusionCharts 为用户带来的极大安慰是所有图表呈现在客户端的 Adobe Flash 平台上。服务器只是负责预先建立 SWF 文件和 XML 数据文件，并且图表的 SWF 文件可以存储在客户端上，用户只需更新数据，而不是每次都得发送图表的 SWF 文件。

(6) 大量的图表类型可供选用。

FusionCharts v3 为用户提供了大量的图表类型，从基本的条形图、柱状图、线图、饼图等，到先进的组合图表和滚动图表。Web & Enterprise 应用程序支持超过 90 种图表类型和 550 种地图，JS 支持各种实时图表、地图、可编辑图表和仪表。

(7) 可以向下钻取图表。

用 LinkedCharts 在几分钟内就可以创建无限级的向下钻取图表，每一级都可以显示不同的图表类型和数据，而要实现这些功能无需编写任何额外代码。

2.5　ModestMaps

ModestMaps 是基于 AS 3.0(ActionScript 2.0 与 ActionScript 3.0)脚本与 Python 脚本开发

出来的一套类库，其遵循 BSD 许可协议，并可在 Flash 里进行地图显示和用户交互。ModestMaps 官方网址为 http://modestmaps.com。

ModestMaps 的目的是为设计者与开发人员提供一个最轻量级的，可扩展、可定制和免费的地图显示类库，这个类库能帮助开发人员在他们自己的项目里与地图进行交互。ModestMaps 提供一个核心健壮的带有很多 hooks 与附加 functionality 函数的开发包。

ModestMaps 的特征包括：

(1) 显示基于地图瓦片的地图，比方说来自 OpenstreetMap、NASA Blue Marble、Yahho、Microsoft 或者其他地方的地图服务瓦片。

(2) 支持对地图瓦片进行任意地理空间投影设置。

(3) 支持漫游与缩放。

(4) 支持跟踪地理兴趣点(地理标识)的位置。

(5) 支持 ActionScript 2.0 代码与 Flashlite 协同工作。

2.6 jqPlot

jqPlot 是一个 jQuery 绘图插件，可以利用它制作漂亮的线状图、柱状图和饼图等。jqPlot 支持为图表设置各种不同的样式。jqPlot 提供工具条提示、数据点高亮显示等功能。

jqPlot 的主要功能包括：

(1) 有多种图表样式可供选择。

(2) 可以自定义日期轴线。

(3) 可设置旋转轴文字。

(4) 可自动计算趋势线。

(5) 提供工具条提示和高亮数据点功能。

(6) 默认最优设置，非常易于使用。

jqPlot 进行数据可视化展现的基本步骤如下：

(1) 引入 js 文件(如果是画线状图之外的其他图表，需要引入相关 js 文件，这里引入饼状图文件 pieRenderer.js)，代码如下：

```
<script type="text/javascript" src="jquery-1.3.2.min.js"></script>
<script type="text/javascript" src="jquery.jqplot.js"></script>
<script type="text/javascript" src="jqplot.pieRenderer.js"></script>
```

(2) 增加一个图表展示区域的容器，代码如下：

```
<div id="chart" style="margin-top:20px; margin-left:20px; width:460px; height:500px;"></div>
```

(3) 获取数据，代码如下：

```
line1 = [['frogs', 3], ['buzzards', 7], ['deer', 2.5], ['turkeys', 6], ['moles', 5], ['ground hogs', 4]];
```

(4) 配置 Option 对象并创建图表，代码如下：

```
$.jqplot('chart', [line1], {
        title:'pieRenderer ',              //设置饼状图的标题
        seriesDefaults: {fill: true,
```

```
                showMarker: false,
                shadow: false,
                renderer:$.jqplot.PieRenderer,
                rendererOptions:{
                    diameter: undefined,        //设置饼的直径
                    padding: 20,                //设置图表边框的距离
                    sliceMargin: 9,             //设置饼的每个部分之间的距离
                    fill:true,                  //设置饼的每部分被填充的状态
                    shadow:true,                //为饼的每个部分的边框设置阴影
                    shadowOffset: 2,            //设置阴影区域偏移出饼图的每部分边框的距离
                    shadowDepth: 5,             //设置阴影区域的深度
                    shadowAlpha: 0.07           //设置阴影区域的透明度
                }
            },
            legend:{
                show: true,                     //设置是否出现分类名称框
                location: 'ne',                 //分类名称框出现位置
                xoffset: 12,                    //分类名称框距图表区域上边框的距离(单位 px)
                yoffset: 12                     //分类名称框距图表区域左边框的距离(单位 px)
            }
        });
```

2.7 D3.js

D3.js 是一个 JavaScript 库,用于在浏览器中创建交互式可视化图表。D3.js 库允许我们在数据集的上下文中操作网页的元素,这些元素可以是 HTML、SVG 或画布元素,可以根据数据集的内容进行引入、删除或编辑。D3.js 是一个用于操作 Dom 对象的库,它可以成为数据探索的有力工具,可以让用户控制数据的表示,并允许用户添加交互性。

D3.js 是最好的数据可视化框架之一,它可用于生成简单和复杂的可视化图表以及为用户提供交互和过渡效果,其主要特征如下:

(1) 非常灵活,易于使用。

(2) 支持大型数据集。

(3) 声明性编程。

(4) 代码可重用性强。

(5) 具有各种各样的曲线生成函数。

(6) 可将数据关联到 HTML 页面中的元素或元素组。

D3.js 的优势主要体现在以下几个方面:

(1) 出色的数据可视化。

(2) 模块化结构，用户可以下载一小段想要使用的 D3.js，无需每次都加载整个库。

(3) 轻松构建图表组件。

D3.js 进行数据可视化的基本步骤如下：

步骤 1：编写应用样式，代码如下：

```
<style>
    .bar {
        fill: green;
    }
    .highlight {
        fill: red;
    }
    .title {
        fill: blue;
        font-weight: bold;
    }
</style>
```

步骤 2：定义变量，代码如下：

```
<script>
    var svg = d3.select("svg"), margin = 200,
    width = svg.attr("width") - margin,
    height = svg.attr("height") - margin;
</script>
```

步骤 3：附加文字，代码如下：

```
svg.append("text")
    .attr("transform", "translate(100,0)")
    .attr("x", 50)
    .attr("y", 50)
    .attr("font-size", "20px")
    .attr("class", "title")
    .text("Population bar chart")
```

步骤 4：创建比例范围，定义方法如下：

```
var x = d3.scaleBand().range([0, width]).padding(0.4),
    y = d3.scaleLinear()
        .range([height, 0]);
var g = svg.append("g")
    .attr("transform", "translate(" + 100 + "," + 100 + ")");
```

步骤 5：读取数据，示范数据文件名为 data.csv，其格式和内容如下：

```
year,population
2006,40
```

```
2008,45
2010,48
2012,51
2014,53
2016,57
2017,62
```

使用下面的代码阅读上面的文件:

```
d3.csv("data.csv", function(error, data) {
    if (error) {
        throw error;
    }
```

步骤 6：设置域，可使用下面的代码进行设置：

```
x.domain(data.map(function(d) { return d.year; }));
y.domain([0, d3.max(data, function(d) { return d.population; })]);
```

步骤 7：添加 X 轴，可以将 X 轴添加到转换中，显示如下：

```
g.append("g")
    .attr("transform", "translate(0," + height + ")")
    .call(d3.axisBottom(x)).append("text")
    .attr("y", height - 250).attr("x", width - 100)
    .attr("text-anchor", "end").attr("font-size", "18px")
    .attr("stroke", "blue").text("year");
```

步骤 8：添加 Y 轴，如使用下面给出的代码可将 Y 轴添加到转换中：

```
g.append("g")
    .append("text").attr("transform", "rotate(-90)")
    .attr("y", 6).attr("dy", "-5.1em")
    .attr("text-anchor", "end").attr("font-size", "18px")
    .attr("stroke", "blue").text("population");
```

步骤 9：追加群组元素，如附加群组元素并将变换应用于 Y 轴，其代码如下：

```
g.append("g")
    .attr("transform", "translate(0, 0)")
    .call(d3.axisLeft(y))
```

步骤 10：选择柱状图类，如选择下面定义的 bar 类中的所有元素。

```
g.selectAll(".bar")
    .data(data).enter()
    .append("rect")
    .attr("class", "bar")
    .on("mouseover", onMouseOver)
    .on("mouseout", onMouseOut)
    .attr("x", function(d) { return x(d.year); })
```

```
.attr("y", function(d) { return y(d.population); })
.attr("width", x.bandwidth())
.transition()
.ease(d3.easeLinear)
.duration(200)
.delay(function (d, i) {
    return i * 25;
})
.attr("height", function(d) { return height - y(d.population); });
});
```

步骤 11：创建鼠标悬停事件处理函数，如可以创建一个 mouseover 事件处理程序来处理鼠标事件，代码如下：

```
function onMouseOver(d, i) {
    d3.select(this)
        .attr('class', 'highlight');
    d3.select(this)
        .transition()
        .duration(200)
        .attr('width', x.bandwidth() + 5)
        .attr("y", function(d) { return y(d.population) - 10; })
        .attr("height", function(d) { return height - y(d.population) + 10; });
    g.append("text")
        .attr('class', 'val')

        .attr('x', function() {
            return x(d.year);
        })

        .attr('y', function() {
            return y(d.value) - 10;
        })
}
```

具体的可视化效果如图 2-10 所示。

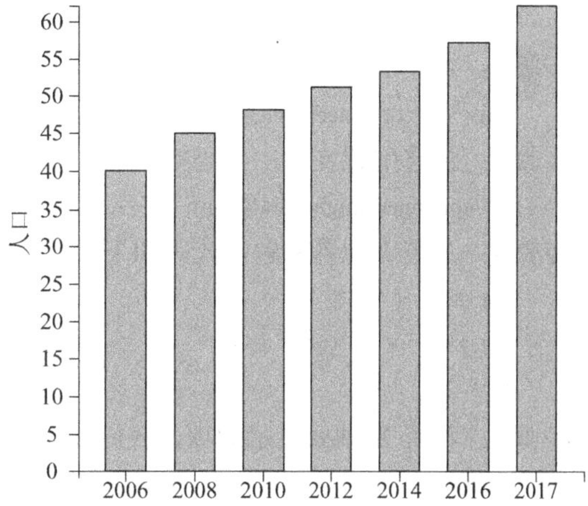

图 2-10　D3.js 应用示范(人口条形图)

2.8　HighCharts

HighCharts 是一个用纯 JavaScript 语言编写的图表库，其能够很简单便捷地在 Web 网站或是 Web 应用程序添加有交互性的图表。HighCharts 免费提供给个人和非商业用途的使用者使用。

HighCharts 的特性如下：

(1) 兼容性：支持所有主流浏览器和移动平台(Android、iOS 等)。

(2) 多设备：支持多种设备，如手持设备 iPhone/iPad、平板电脑等。

(3) 免费使用：免费供个人学习使用。

(4) 轻量级：Highcharts.js 内核库大小只有 35 KB 左右。

(5) 配置简单：使用 json 格式配置。

(6) 动态性：可以在图表生成后修改。

(7) 多维性：支持多维图表。

(8) 配置提示工具：鼠标移动到图表的某一点上时有提示信息。

(9) 时间轴：可以精确到毫秒。

(10) 可导出：表格可导出为 PDF、PNG、JPG、SVG 等格式。

(11) 好输出：可用网页输出图表。

(12) 可变焦：选中图表部分可放大，可近距离观察图表。

(13) 可使用外部数据：可从服务器载入动态数据。

(14) 文字可旋转：支持在任意方向上的标签旋转。

HighCharts 支持的图表类型有：曲线图、区域图、饼图、散点图、气泡图、动态图表、组合图表、3D 图、测量图、热点图、树状图(Treemap)。

HighCharts 进行数据可视化的基本步骤如下：

步骤 1：创建 HTML 页面，引入 jQuery 和 HighCharts 库，代码如下：

```
<script src=" jquery.min.js"></script>
<script src="highcharts.js"></script>
```

步骤 2：定义 Dom 容器，代码如下：

```
<div id="container" style="width: 550px; height: 400px; margin: 0 auto"></div>
```

步骤 3：创建配置文件，代码如下：

```
$('#container').highcharts(json);
```

步骤 4：为图表配置标题，代码如下：

```
var title = {
    text: '月平均气温'
};
```

步骤 5：设置 X 轴要展示的项，代码如下：

```
var xAxis = {
    categories: ['一月','二月','三月','四月','五月','六月'
        ,'七月','八月','九月','十月','十一月','十二月']
};
```

步骤 6：设置 Y 轴要展示的项，代码如下：

```
var yAxis = {
    title: {
        text: 'Temperature (\xB0C)'
```

```
        },
        plotLines: [{
            value: 0,
            width: 1,
            color: '#808080'
        }]
    };
```

步骤 7：配置图表要展示的数据。每个系列是个数组，每一项在图片中都会生成一条曲线。其代码如下：

```
var series =  [
    {
        name: 'Tokyo',
        data: [7.0, 6.9, 9.5, 14.5, 18.2, 21.5, 25.2,
            26.5, 23.3, 18.3, 13.9, 9.6]
    },
    {
        name: 'New York',
        data: [-0.2, 0.8, 5.7, 11.3, 17.0, 22.0, 24.8,
            24.1, 20.1, 14.1, 8.6, 2.5]
    },
    {
        name: 'Berlin',
        data: [-0.9, 0.6, 3.5, 8.4, 13.5, 17.0, 18.6,
            17.9, 14.3, 9.0, 3.9, 1.0]
    },
    {
        name: 'London',
        data: [3.9, 4.2, 5.7, 8.5, 11.9, 15.2, 17.0,
            16.6, 14.2, 10.3, 6.6, 4.8]
    }
];
```

步骤 8：创建 json 数据，代码如下：

```
ar json = {};
json.title = title;
json.subtitle = subtitle;
json.xAxis = xAxis;
json.yAxis = yAxis;
json.tooltip = tooltip;
json.legend = legend;
```

```
json.series = series;
Step 4: Draw the chart
$('#container').highcharts(json);
```

应用 Highcharts 的最终效果如图 2-11 所示。

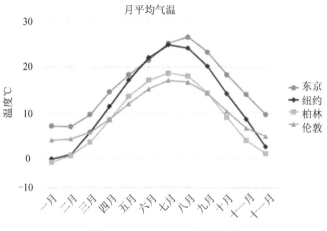

图 2-11　Highcharts 应用示范

本 章 小 结

　　本章主要从数据可视化工具入手，简要介绍了目前业界主流的大数据可视化工具的特征、优势以及其基本的使用方法，让读者对大数据可视化工具有个整体的认识。考虑到读者对象主要为应用型本科、高职学生或大数据可视化入门学者，因此后续篇幅重点介绍 Excel、Tableau、ECharts 三种可视化工具的使用。

第三章　Excel 数据可视化

　　Microsoft Office Excel 是被广泛应用的办公软件，其便捷的数据统计、分析、图表展现功能广受用户的赞许，在行政办公管理、财务管理、营销管理、生产管理、金融统计分析等方面得到了非常广泛的应用。本章将全面介绍 Excel 软件函数与图表的属性和特征，并介绍 Excel 整理数据源的方法与步骤，同时详细介绍用 Excel 制作直方图、折线图、圆饼图、散点图等的方法和步骤。

3.1　Excel 函数与图表

　　Microsoft Office Excel 是 Microsoft 公司为安装了 Windows 和 Apple Macintosh 操作系统的电脑编写的一款电子表格软件。直观的界面、出色的计算功能和图表工具，再加上成功的市场营销，使 Excel 成为最流行的个人计算机数据处理软件。在 1993 年，作为 Microsoft Office 的组件，Microsoft 公司发布了 Excel 5.0 版之后，Excel 就开始成为电子表格软件的霸主。Microsoft Office Excel 在数据管理、自动处理和计算、表格制作、统计分析、数据可视化展现等方面都具有独到之处。
　　以 Microsoft Office Excel 2013 中文版为例，该软件提供了丰富的操作功能和软件设置功能，功能菜单包括文件、开始、插入、页面布局、公式、数据、审阅、视图等，如图 3-1 所示。

图 3-1　Office Excel 2013 操作界面

3.1.1 Excel 函数

Microsoft Office Excel 的函数功能是 Excel 进行数据分析、处理、可视化展现的重要手段之一，在我们日常的学习、生活和工作实践中有非常多的现实应用，用户不仅可以利用 Excel 的函数功能实现一些基本的数据统计分析功能，甚至还可以利用 Excel 的函数及 VBA(Visual Basic for Applications)编程开发出一些优秀的管理系统。

Microsoft Office Excel 的函数实际上是一些预定义的公式计算程序，它们使用一些称为参数的数值，按特定的顺序或结构进行计算，用户可以直接用它们对 Excel 表中的某个区域内的数值进行一系列运算，如处理字符串、日期、数值等格式，统计分析平均数、合计数、中位数，以及对数据进行排序等。

在使用 Excel 函数的过程中，首先要掌握以下概念及其应用。

(1) 参数：可以是数字、文本、形如 True 或 False 的逻辑值、数组，形如#N/A 的错误值或单元格引用等。参数也可以是常量、公式或其他函数等，但是给定的参数必须能产生有效的值。

(2) 数组：用于建立可产生多个结果或可对存放在行和列中的一组参数进行有关运算的单个公式。在 Microsoft Office Excel 中数组分为区域数组和常量数组，区域数组是一个矩形的单元格区域，该区域中的单元格共用一个公式；常量数组将一组给定的常量用作某个公式中的参数。

(3) 单元格引用：用于表示单元格在工作表中所处位置的坐标值。例如，显示在 C 列和第 5 行交叉处的单元格，其引用形式为 C5(相对引用)或$C$5(绝对引用)。

(4) 常量：直接输入到单元格或公式中的数字或文本值，或由名称所代表的数字或文本值。例如日期 2020-05-20、数字 100、文本字符串"I like football"等都是常量。但是由公式得出的数值不是常量。

一个函数还可以是另一个函数的参数，这就是嵌套函数。所谓嵌套函数，是指在某些情况下，可能需要将某函数作为另一个函数的参数使用。例如图 3-2 所示的公式中使用了嵌套的 AVERAGE 函数，并将结果与 10 相比较。这个公式的含义是：如果单元格 E1 到 E5 的平均值大于 10，则求 F1 到 F5 的和，否则为 0。

图 3-2　嵌套函数

函数的结构以函数名称开始，后面是左圆括号，然后为以逗号分隔的参数和右圆括号。如果函数以公式的形式出现，则应在函数名称前面输入等号(=)，如图 3-3 所示。

单击 Excel 工具栏中的"插入函数"按钮，会出现"插入函数"对话框，如图 3-4 所示，点击"确定"进入图 3-5 所示对话框，可以在其中创建或编辑公式，还可以提供有关函数及其参数的信息。

图 3-3　函数的结构

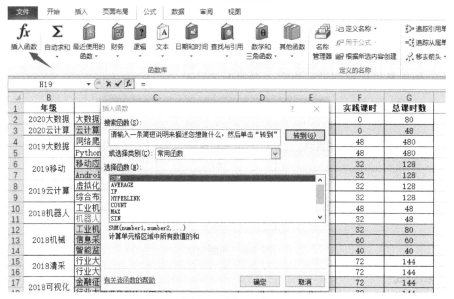

图 3-4　插入函数

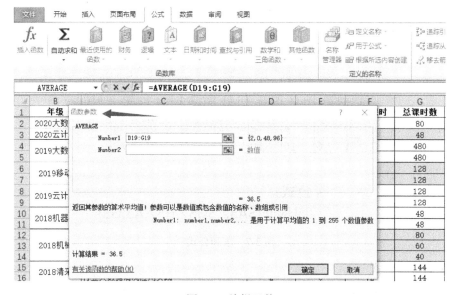

图 3-5　编辑函数

Microsoft Office Excel 2013 版中一共有 13 类函数，分别是数据库函数、日期与时间函数、财务函数、信息函数、工程函数、逻辑函数、查找与引用函数、数学与三角函数、统计函数、文本函数、多维数据集函数、兼容性函数和 Web 函数。

其中，常用函数如下所述。

1. 数字处理

(1) 取绝对值=ABS(数字)。

(2) 取整=INT(数字)。

(3) 四舍五入=ROUND(数字，小数位数)。

2. 判断公式

把公式产生的错误值显示为空，如图 3-6 所示。

公式：C2=IFERROR(A2/B2," ")

说明：如果是错误值则显示为空，否则正常显示。

	A	B	C
	实际销售额	计划销售额	完成率
2	23	67	34.33%
3	5	12	41.67%
4	89		
5	9	5	180.00%

图 3-6　判断公式

3. 求和公式

隔列求和，如图 3-7 所示。

公式：H3=SUMIF($A$2:$G$2,H$2,A3:G3)

或　　　　=SUMPRODUCT((MOD(COLUMN(B3:G3),2)=0)*B3:G3)

说明：如果标题行没有规则则用第 2 个公式。

图 3-7　求和公式

4. 双向查找公式

双向查找公式如图 3-8 所示。

公式：D10=INDEX(C3:H7,MATCH(B10,B3:B7,0),MATCH(C10,C2:H2,0))

说明：利用 MATCH 函数查找位置，用 INDEX 函数取值。

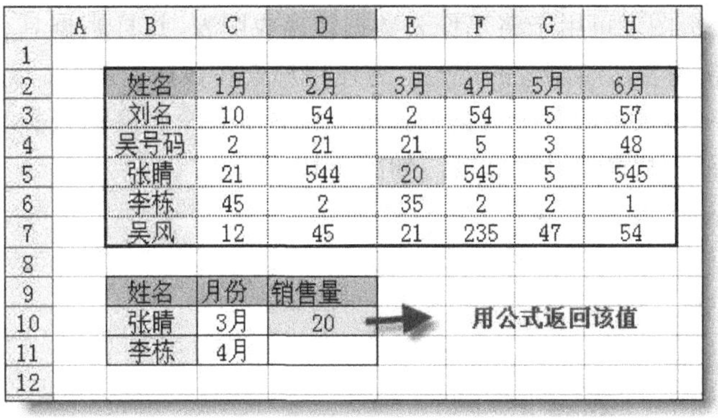

	A	B	C	D	E	F	G	H
1								
2		姓名	1月	2月	3月	4月	5月	6月
3		刘名	10	54	2	54	5	57
4		吴号码	2	21	21	5	3	48
5		张晴	21	544	20	545	5	545
6		李栋	45	2	35	2	2	1
7		吴风	12	45	21	235	47	54
8								
9		姓名	月份	销售量		用公式返回该值		
10		张晴	3月	20	→			
11		李栋	4月					
12								

图 3-8　双向查找公式

5. 截取字符串中任一段的公式

字符串截取公式如图 3-9 所示。

公式：B1=TRIM(MID(SUBSTITUTE($A1," ",REPT(" ",20)),20,20))

说明：公式是利用强插 N 个空字符的方式进行截取的。

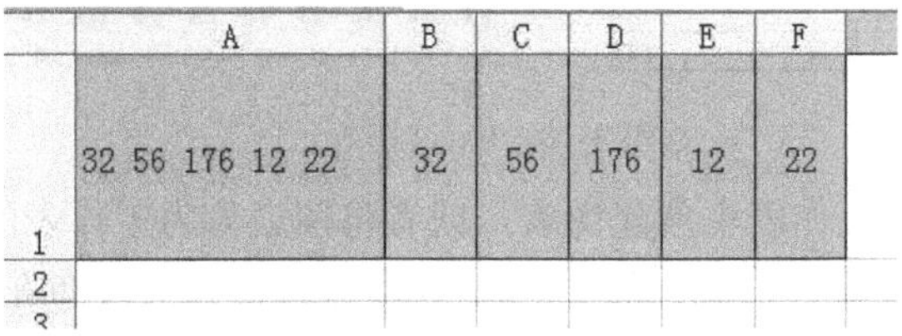

	A	B	C	D	E	F
1	32 56 176 12 22	32	56	176	12	22
2						
3						

图 3-9　字符串截取

6. 计算两日期相隔的年、月、天数

A1 是开始日期(如 2011-12-1)，B1 是结束日期(如 2013-6-10)。计算：

相隔多少天？=DATEDIF(A1,B1,"D")结果：557

相隔多少月？=DATEDIF(A1,B1,"M")结果：18

相隔多少年？=DATEDIF(A1,B1,"Y")结果：1

不考虑年相隔多少月？=DATEDIF(A1,B1,"YM")结果：6

不考虑年相隔多少天？=DATEDIF(A1,B1,"YD")结果：192

不考虑年月相隔多少天？=DATEDIF(A1,B1,"MD")结果：9

DATEDIF 函数第 3 个参数说明如下：

"Y"表示时间段中的整年数。

"M"表示时间段中的整月数。

"D"表示时间段中的天数。

"MD"表示天数的差。忽略日期中的月和年。

"YM"表示月数的差。忽略日期中的日和年。

"YD"表示天数的差。忽略日期中的年。

3.1.2 Excel 图表

Excel 的数据分析图表可用于将工作表数据转换成图表，这样数据具有更好的展现和可视化效果，且可以快速表达绘制者的观点，方便用户查看数据的差异、走势、变化趋势等。例如可以不用分析工作表中的多个数据列就可立即看到各个季度销售额的升降，或很方便地对实际销售额与计划销售额进行比较，如图 3-10 所示。

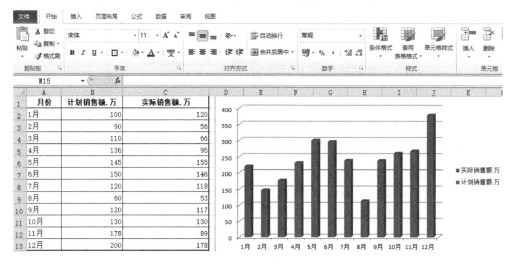

图 3-10　Excel 图表示例

用户可以在 Excel 工作表上创建图表，或者将图表作为工作表的嵌入对象使用，也可以将图表导出成 HTML 文件格式，然后利用 Web 服务器将其发布在网站上。

要创建 Excel 图表，需要首先在 Excel 工作表中创建数据，然后按以下步骤进行操作：

步骤 1：选择要为其创建图表的数据，如图 3-11 所示。

月份	计划销售额.万	实际销售额.万
1月	100	120
2月	90	56
3月	110	66
4月	136	95
5月	145	155
6月	150	146
7月	120	118
8月	60	53
9月	120	117
10月	130	130
11月	178	89
12月	200	178

图 3-11　选择数据

步骤 2：单击"插入"菜单中的"推荐图表"。在"推荐图表"的选项卡中可以浏览到常用的图表样式，如图 3-12 所示。

如果在常用的图表中没有找到所需的图表，可以选择全部图表，如图 3-13 所示。

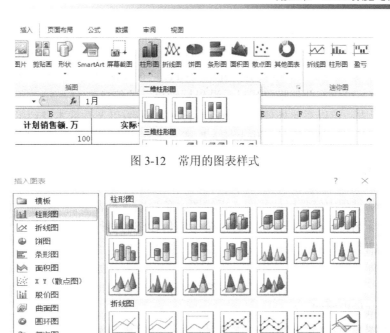

图 3-12　常用的图表样式

图 3-13　在所有图表中选择

如果图表类型库里没有自己想要的模板，可以点击"管理模板"按钮，然后自定义模板。

步骤 3：找到所要的图表类型后，单击"确定"按钮。

步骤 4：使用图表右上角附近的"图表元素""图表样式"和"图表筛选器"按钮，添加坐标轴标题或数据标签等图表元素，自定义图表的外观或更改图表中显示的数据。如图 3-14 所示。

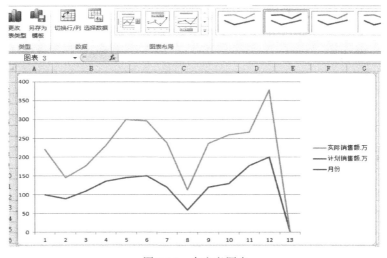

图 3-14　自定义图表

各种图表类型提供了一组不同的选项。例如，对于簇状柱形图而言，包括以下选项：

(1) 网格线：可以在此处隐藏或显示贯穿图表的线条。

(2) 图例：可以在此处将图表图例放置于图表的不同位置。

(3) 数据表：可以在此处显示包含用于创建图表的所有数据的表。用户也可能需要将图表放置于工作簿中的独立工作表上，并通过图表查看数据。

(4) 坐标轴：可以在此处隐藏或显示沿坐标轴显示的信息。

(5) 数据标志：可以在此处使用各个值的行和列标题(以及数据本身)为图表加上标签。

(6) 图表位置：如"作为新工作表插入"或者"作为其中的对象插入"。

3.1.3 选择图表类型

在企业经营过程中经常用柱状图、折线图、条形图等来表示公司在某一时段内的计划销售金额和实际销售金额，以便快速看出公司销售计划的执行情况和实际销售情况的走势或各个时间段销售金额的对比差异，并结合实际情况调整销售策略。

如果要求体现的是一个整体中每一部分所占的比例，比如某汽车厂销售的汽车产品有小轿车、SUV、皮卡、重卡、客车五个类型的产品，要体现 SUV 车型的销售额在全部销售额的占比，通常使用饼图。

此外散点图我们也会经常用到，尤其是在科学计算中，例如可以使用正弦和余弦曲线的数据来绘制出正弦和余弦曲线。

比如有以下一组产品销售数据(如图 3-15 所示)，要体现每类产品的销售占比情况，就可以采用饼状图，这样就可非常方便地看出某种产品的销售量占全部销售量的比例，并便于对各类产品销售量的比较分析。

A	B	C	D	E
某汽车厂2019年产品销售情况				
小轿车	SUV	皮卡	重卡	客车
150	180	46	78	23

图 3-15 销售数据示例

要绘制正确的饼状图，可按如下步骤进行操作：

步骤 1：选定需要绘制图表的数据单元，在"插入"菜单中单击"推荐的图表"，选择所需的二维或三维饼图，如图 3-16 所示。

图 3-16 Excel"插入图表"对话框

步骤 2：选中所需的饼图样式，然后点击"确定"，即可完成图表的生成，生成结果如图 3-17 所示。

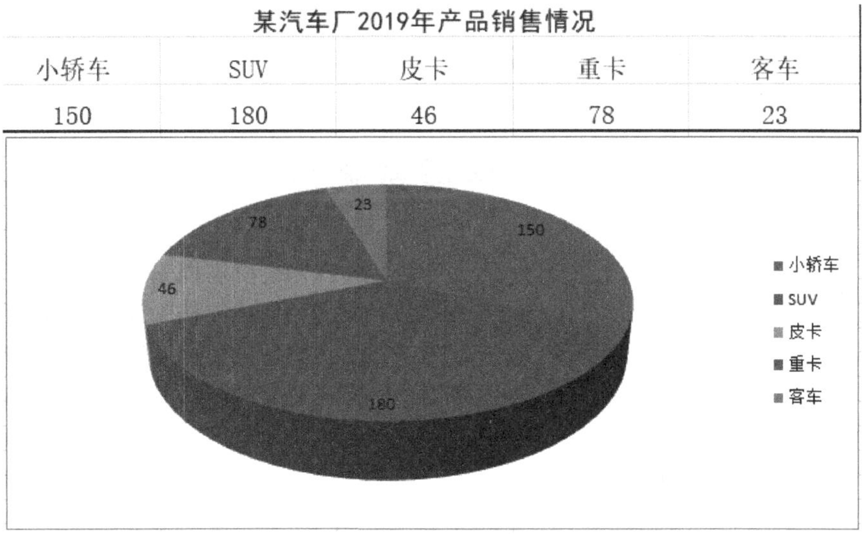

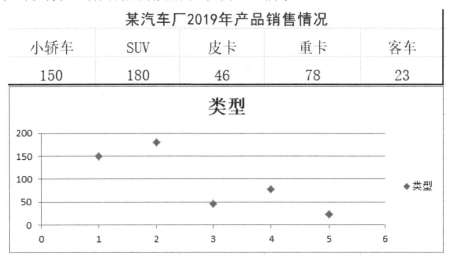

某汽车厂2019年产品销售情况				
小轿车	SUV	皮卡	重卡	客车
150	180	46	78	23

图 3-17　绘制饼图

对于大部分二维图表，既可以更改数据系列的图表类型，也可以更改整张图表的图表类型，如可以将以上饼图调整为散点图，如图 3-18 所示。

某汽车厂2019年产品销售情况				
小轿车	SUV	皮卡	重卡	客车
150	180	46	78	23

图 3-18　绘制散点图

但是对于气泡图，只能更改整张图表的类型。对于大部分三维图表，更改图表类型将影响到整张图表。

所谓"数据系列"是指在图表中绘制的相关数据点，这些数据源自数据表的行或列。图表中的每个数据系列具有唯一的颜色或图案，并且在图表的图例中表示。可以在图表中绘制一个或多个数据系列。饼图只有一个数据系列。对于三维条形图和柱形图，可以将有关数据系列更改为圆锥、圆柱或凌锥图表类型。更改图表类型的具体步骤如下：

步骤 1：若要更改图表类型，可单击整张图表或单击某个数据系列。

步骤 2：在右键菜单中单击"更改图表类型"命令。

步骤 3：在"所有图表"卡上单击选择所需的图表类型。

步骤 4：若要对三维条形或柱形数据系列应用圆锥、圆柱或凌锥等图表类型，可在"所有图表"选项卡中单击"圆柱图""圆锥图"或"凌锥图"。

3.2 整理数据源

进行大数据采集、清洗、预处理、分析处理、可视化展现过程中，我们面临的数据量往往都是 TB 级甚至 PB 级。面对如此巨量的数据，我们如何才能从中提炼出有价值的信息呢？其实，任何一个数据分析人员在做这方面工作时，都是先获得原始数据，然后对原始数据进行清洗、预处理、分析处理，再根据实际需要将数据聚合。只有这样层层递进才能挖掘原始数据中潜在的有价值的商业信息，也只有这样才能掌握目标客户的核心和关键数据，这样才能为客户带来更多的价值。

3.2.1 数据提炼

我们先来了解和认识数据集成的含义，数据集成是把不同数据源、格式、特点、性质的数据在逻辑上或物理上有机地进行整合，从而为用户提供全面的数据共享。在 Excel 中，用户可以执行数据的排序、筛选和分类汇总等操作。数据排序就是按一定规则对数据进行整理、排序，为数据的进一步处理做好准备。

实例 3-1　2019 年某汽车厂不同车型销售情况

根据每月记录的不同车型销售情况，评判 2019 年前 5 个月哪类车最受消费者青睐，以此调整生产计划和营销策略。

步骤 1：获取原始数据。图 3-19 是一份从营销管理系统中导入且经过初始化后的销售数据，从表格中可以读出简单的信息，比如不同车型每月的具体销量。

某汽车厂2019年产品销售情况						
车型	一月	二月	三月	四月	五月	合计
客车	7	8	12	11	9	47
重卡	12	7	15	14	11	59
皮卡	132	131	116	139	141	659
SUV	66	61	57	45	71	300
小轿车	180	190	165	156	205	896

图 3-19　销售原始数据

步骤 2：排序数据。将月份销量进行升序排列，即选定 G 列对应的数据单元格，然后在"数据"选项卡下的"排序和筛选"组中单击"升序"按钮，数据将自动从小到大排列，如图 3-20 所示。

步骤 3：制作图表，选中 A2:G7 区域内的所有数据，在"插入"选项卡中插入图表，接着选中柱状图，系统就按数据排列的顺序生成有规律的图表，如图 3-21 所示。

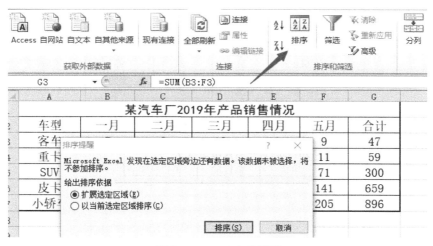

图 3-20 Excel 自动排序

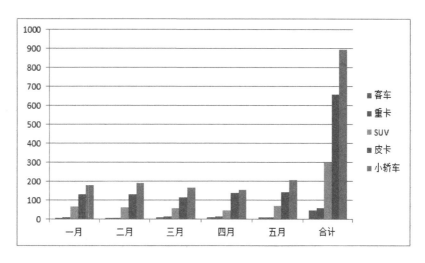

图 3-21 销售图表的生成

实例 3-2 2019 年某汽车厂 6 月销售情况统计

自动筛选一般用于简单的条件筛选，筛选时将不满足条件的数据暂时隐藏起来，只显示符合条件的数据，高级筛选一般用于条件复杂的筛选操作，其筛选的结果可显示在原数据表格中，也可以在新的位置显示筛选结果，不符合条件的记录同时保留在数据表中而不会被隐藏起来。

本例中，统计某月不同系列的产品的月销售量和月销售额，观察销售额在 200 以上的产品系列。在保证不亏损的情况下，拓展产品系列的市场。

步骤 1：统计月销售数据。将产品的销售情况按月份记录下来，然后抽取某月的销售数据来调研，如图 3-22 所示。

步骤 2：筛选数据。单击"销售总额"栏目，选择"数据"→"筛选"，利用筛选功能下的"数字筛选"，从其下拉菜单中选择大于等于条件，设置大于等于 200 的筛选条件，如图 3-23 所示。

某汽车厂2019年1月产品月销售情况			
产品系列	单价	销售量	销售总额
奔驰GLA	23	5	115
奔驰GLB	31	3	93
奔驰GLC	40	10	400
奔驰C系	28	6	168
奔驰E系	42	7	294

图 3-22　产品月销售情况

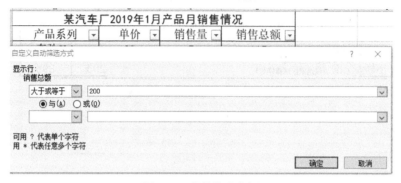

图 3-23　数据筛选实例

步骤 3：制作图表。将筛选出的产品系列和销售额数据生成图表，系统默认结果大于等于 200 的产品系列，只针对满足条件的产品进行分析，如图 3-24 所示。

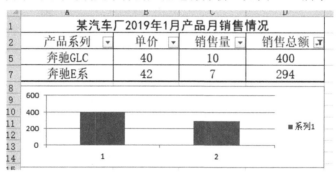

图 3-24　筛选结果数据图表的生成

3.2.2　数据清理

对于一份 TB 级甚至 PB 级的大数据集而言，难免会有无效值、重复值、缺失值等的数据存在，面对这些错误数据、重复数据、缺失数据，必须对其进行清洗、补充等处理，只有数据清洗之后才能进行有效的数据分析、挖掘和可视化展现。

1. 错误数据

产生错误数据的原因往往是业务系统不够健全，在接收用户输入后没有对输入的数据进行校验或判断就直接写进数据库造成的，例如在输入数据时全角和半角不区分、日期格式不正确、数字格式不正确、身份证号码没有验证、邮箱格式不正确、开始日期大于结束日期等。Excel 公式中的错误值通常是因为公式不能正确地计算结果或公式引用的单元格有错误造成的。

2. 重复数据

产生重复数据的原因一般是操作的时间段过长，忘记了前期所做的记录，后期又重复记录；或者同一工作任务被不同的执行者执行，导致产生相同的数据；或者在数据处理过程中产生了重复数据。

3. 缺失数据

在实际的数据收集中，数据项的缺失是很常见的。这主要是一些应该有的信息缺失了，如供货商的名称、供货商的公司地址、客户所属区域，营销管理系统中主表数据与明细表的数据不匹配，或者人为因素导致某些数据项的值缺失等问题。

如果要处理这些有缺陷的数据，就需要根据它们的类型从不同的角度进行操作，如填补遗漏的数据、消除异常值、纠正不一致的数据等或者删除重复的数据等。

在实际工作中，由于对公式的不熟悉、单元格引用不当、数据本身不满足公式参数的要求等原因，难免会出现一些错误。但是有些时候出现的错误类型并不影响计算结果，此时应该对错误数据进行再处理。

3.2.3 抽样产生随机数

做有关市场研究、产品质量检测、机器学习等相关的数据分析，不可能像人口普查那样进行全面的研究。这就需要用到抽样分析技术。在 Excel 中使用"抽样"工具，必须先启用"开发工具"选项，然后再加载"分析工具库"。

抽样方式包括周期和随机。所谓周期模式，即所谓的等距抽样，需要输入周期间隔。输入区域中位于间隔点处的数值以及此后每一个间隔点处的数值将被复制到输出列中。当到达输入区域的末尾时，抽样即停止。而随机模式适用于分层抽样、整群抽样和多阶段抽样等，只需要输入样本数，计算机自行进行抽样，不用受间隔规律的限制。

实例 3-3　随机抽样学生信息

步骤 1：加载"分析工具库"。单击"文件"→"选项"→"自定义功能区"，如图 3-25 所示。

图 3-25　"自定义功能区"选项卡

然后在“自定义功能区”面板中勾选“开发工具”，单击“确定”按钮，这样在 Excel 工作表的主菜单中就会显示“开发工具”命令，如图 3-26 所示。

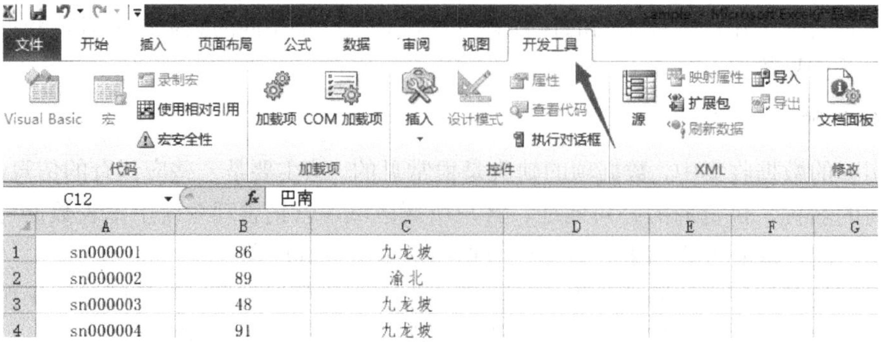

图 3-26 “开发工具”选项卡

步骤 2：单击“开发工具”→“加载项”，在弹出的对话框列表中勾选“分析工具库”，单击“确定”按钮，就可以加载“数据分析”功能。这时在“数据”选项卡的“分析”中可以看到“数据分析”选项，如图 3-27 所示。

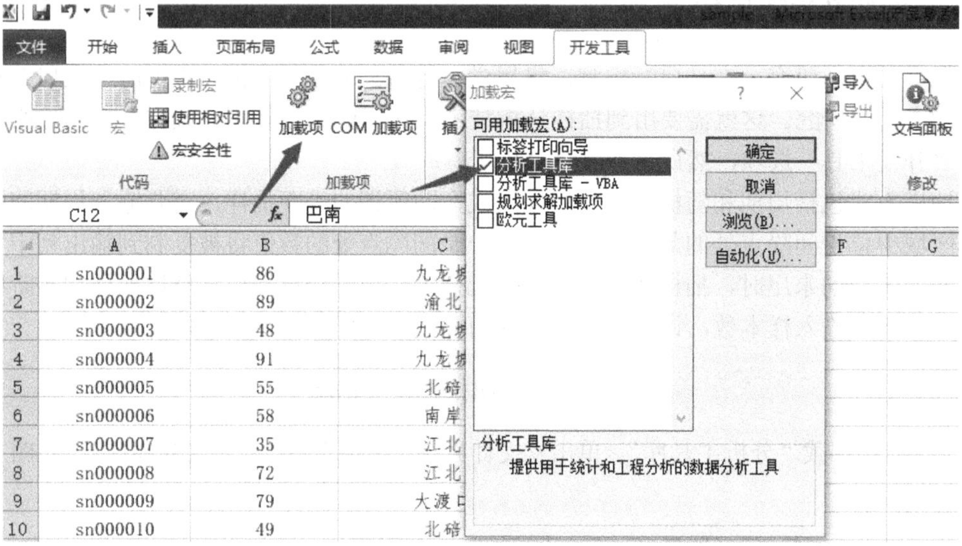

图 3-27 加载分析工具库

如图 3-28 是重庆主城九区 10 万考生的政治成绩，其中第一列代表学号，第二列代表政治课成绩，第三列代表所属区县。现需要从 10 万记录中随机抽取 20 个学生进行学习调查，用抽样工具产生一组随机数据。

	A	B	C
1	sn000001	86	九龙坡
2	sn000002	89	渝北
3	sn000003	48	九龙坡
4	sn000004	91	九龙坡
5	sn000005	55	北碚
6	sn000006	58	南岸

图 3-28 重庆主城九区考生政治课成绩表

步骤 3：使用抽样工具。在"数据"选项卡下的"分析"组中单击"数据分析"按钮，打开"数据分析"对话框，然后在"分析工具"列表中选择"抽样"。

步骤 4：设置区域和抽样方式，在弹出的"抽样"对话框中，设置"输入区域"为$A$1000，设置"抽样方法"为"随机"，样本数为 20，再设置"输出区域"为$F$1。

步骤 5：抽样结果。单击对话框中的"确定"按钮后，K 列中随机产生了 20 个样本数据，将产生的 10 个数据剪切到 L 列中，然后利用突出显示单元格规则下的重复值选项，将重复结果用不同颜色做标记处理。

3.3　Excel 数据可视化

Microsoft Office Excel 提供了丰富的图表制作功能，因此利用此功能可以方便、直观地进行数据可视化展现。

对于 Excel 图表，其构成的元素主要包括图表区、标题、数据系列、图例和网格线等。以下我们以某公司的产品在全国四个直辖市 2017 年、2018 年和 2019 年的销售数据建立一个条形图，以观察图表中各产品在四个直辖市的销售情况，如图 3-29 所示。

	A		B		C		D
1	各直辖市过去3年销售情况						
2	地区		2017年		2018年		2019年
3	北京		3709		3811		3902
4	上海		4356		4478		5600
5	天津		3465		3125		2975
6	重庆		2698		3442		4311

图 3-29　各直辖市销售情况

(1) 图表区：指图表的全部范围，双击图表区的空白处即可对图表区进行设置，如图 3-30 所示。

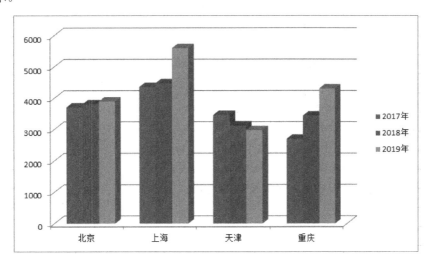

图 3-30　图表区

(2) 绘图区：指图表区中的图形表示区域，双击绘图区的空白处即可对图表区进行设置，包括标题、数据系列、坐标轴、图例等，如图 3-31 所示。

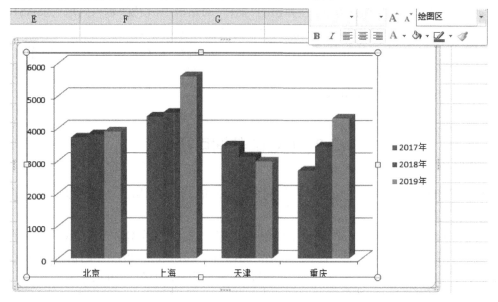

图 3-31　绘图区

(3) 标题：包括图表标题和坐标轴标题。图表标题只有一个，而坐标轴标题最多允许 4 个。点击图表右上角旁边的加号可以添加图表标题元素，双击标题框可对其进行设置。

(4) 数据系列：由数据点构成，每个数据点对应于工作表中的某个单元格内的数据。在此例中，应保护三个数据系列："2017 年"数据系列、"2018 年"数据系列和"2019 年"数据系列。单击某一个数据系列中的某一个数据点可选中整个系列，然后就可以对整个数据系列进行格式设置。双击某个数据点则可单独选中数据点，对单个数据点进行格式设置。

(5) 坐标轴：包括横坐标轴和纵坐标轴，当图表中包含多个数据系列时，我们还可以添加相应的次坐标轴。双击坐标轴即可对其进行设置。

(6) 图例：是对数据系列名称的标识。点击图表右上角旁边的加号可以添加图表图例元素，双击图例即可对其进行设置。

Microsoft Office Excel 2013 图表提供了 14 种标准图表类型，常用的图形包括柱形图、条形图、折线图、饼图、散点图、直方图和箱线图等。各种图形的主要作用如下：

- 柱形图/条形图：用于比较不同类别的指标；
- 饼图：用于展示分类变量的结构特征；
- 直方图/箱线图：用于展示数值型变量的分布特征；
- 散点图：用于分析两个数值型变量之间的关系；
- 折线图：用于分析指标随时间变化的趋势。

3.3.1　直方图

直方图又叫质量分布图、柱形图，是一种统计报告图，也是展示数据变化情况的主要工具。直方图由一系列高度不等的纵向条纹或线段表示数据分布的情况，一般用横轴表示数据类型，纵轴表示分布情况。制作直方图的目的就是通过观察图的形状，比如判断企业生产状况是否稳定，预测生产过程的质量。绘制直方图的要点如下所述。

1. 以零基线为起点

零基线是以零作为标准参考点的一条线，零基线的上方规定为正数，下方为负数，它相当于十字坐标轴中的水平轴。Excel 中的零基线通常是图表中数字的起点线，一般只展示正数部分。若是水平条形图，零基线与水平网格线平行；若是垂直条形图，则零基线与垂直网格线平行。

实例 3-4　零基线为起点的直方图

如图 3-32 所示，数据起点是 2000 元，从中可以读出各部门的日常开支，而图 3-33 所示的数据起点为 0，即把零基线作为起点。图 3-32 的不足之处在于不便于对比每个直条的总费用。给人的感觉是研发部的支出费用比业务部多近 10 倍，实际上研发部的支持费用只比业务部多 900 多元。这种错误性的导向就是数据起点的设定不恰当造成的。

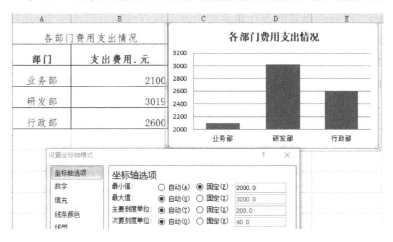

图 3-32　以 2000 为起点的直方图

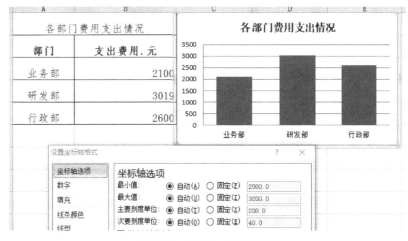

图 3-33　起点为 0 的直方图

步骤 1：要绘制起点为 0 的直方图，则首先绘制图表 3-33。

步骤 2：右键单击图表左侧的坐标轴数据，选择"设置坐标轴格式"命令打开窗格，在"坐标轴选项"下，对"最大值""最小值""主要刻度单位""次要刻度单位"等进行调整。

零基线在图表中的作用很重要。在绘图时，要注意零基线的线条要比其他网格线线条粗、颜色重。如果直条的数据点接近于零，那还需要将其数值标注出来。

此外，要看懂图表，必须先认识图例。图例是集中于图表一角或一侧的各种形状和颜色所代表内容与指标的说明。它具有双重任务，在绘图时它是表示图表内容的准绳，在用图时它是必不可少的阅读指南。无论是阅读文字还是图表，人们习惯于从上至下地阅读，这就要求信息的因果关系应该明确。在图表中，这一点必须有所体现。

如果想删除多余的标签，只显示部分数据标签，可单击选中所有的数据标签，然后再双击需要删除的数据标签即可；或选中单独的某个标签，再按 Delete 键便可将其删除。

2. 条间距要小于垂直直条的宽度

在条形图或柱状图中，直条的宽度与相邻直条间的间隔决定了整个图表的视觉效果。即便表示的是同一内容，也会因为各直条的不同宽度及间隔而给人以不同的印象。如果直条的宽度小于条间距，则会形成一种空旷感，这时读者在阅读图表时注意力会集中在空白处，而不是数据系列上，这在一定程度上会误导读者的阅读方式。

实例 3-5　直条的宽度调整

在图 3-34 中，左侧图表的条间距明显大于右侧图表的条间距，虽然也能从左侧图表中看出想要的数据结果，但是其表达效果明显不如右侧图表显著。

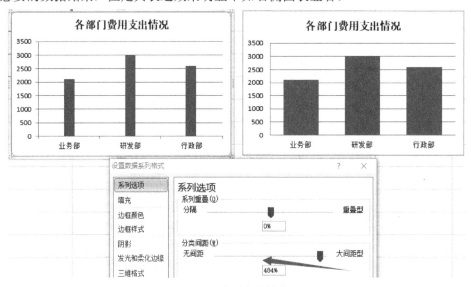

图 3-34　设置直条的宽度

直条是用来测量零散数据的，如果其中的直条过窄，视线就会集中在直条之间不附带数据信息的留白空间上。因此，将直条宽度绘制在条间距的一倍与两倍之间比较合适。具体调整方法为：选中左侧图表的数据直条，单击鼠标右键，选择"设置数据系列格式"，在弹出的对话框中调整"分类间距"，调整到 100%～200% 之间比较合适。

3. 谨慎使用三维柱状图

三维效果图往往是为了体现立体感和真实感。但是，这并不适用于柱状图，因为柱状图顶部的立体效果会让数据产生歧义，导致其失去正确的判断依据。

如果想用 3D 效果展示图表数据，可以选用圆锥图表类型，圆锥效果将圆锥的定点指向数据，也就是在图表中每个圆锥的顶点与水平网格线只有一个交点，使其指向的数据是唯一的、确定的。

实例 3-6　柱形图的三维效果

图 3-35 中左侧图表使用了三维效果展示各部门的费用支出情况，对用户而言会疑惑直条的顶端与网格线相交的位置在哪里，也就是直条顶点对应的数值是多少不清晰，因此要慎用三维柱状图。如非要让图表具有一定的三维效果，可以选用不会产生歧义的阴影效果，见图 3-35 右侧图表。

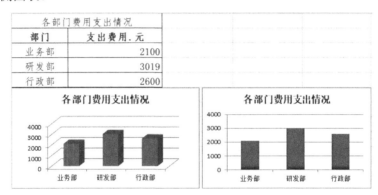

图 3-35　三维柱状图

步骤 1：选中三维效果的图表，然后在"图表工具"→"设计"选项卡下单击"类型"组中的"更改图表效果"按钮，在弹出的图表类型中选择"三维簇状柱形图"，如图 3-36 所示。

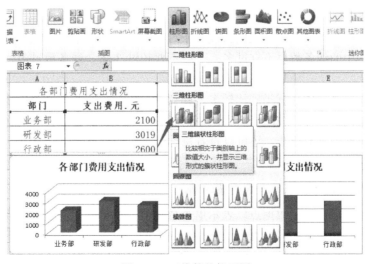

图 3-36　三维簇状柱形图

步骤 2：如果想为图表设计立体感，可以先选中系列，在"格式"选项卡下设置形状效果为"阴影→内部→内部下方"。

步骤 3：如果要制作三维效果的圆锥图，可以先制作成三维效果的柱状图，然后单击图表中的数据系列，打开数据系列格式窗格，在"系列选项"下有一组"柱体形状"，单击"完整圆锥"按钮，即可将图表类型设计为三维效果的圆锥状，如图 3-37 所示。

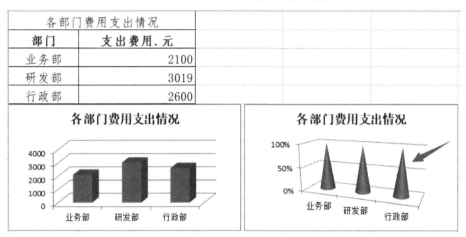

图 3-37 圆锥图

在图表制作中，配置恰当的颜色也很重要。例如使用相似的颜色填充柱形图中的多直条，使系列的颜色由亮至暗地进行过渡布局，这样，较之于颜色鲜艳分明，得到的图表具有更强的说服力。

3.3.2 折线图

折线图是用直线线段将各数据点连接起来而组成的图形，它以折线方式显示数据变化的趋势和对比关系。折线图可以显示随时间(根据常用比例设置)而变化的连续数据，因此非常适用于显示在相等时间间隔下数据的趋势。在折线图中，类别数据沿水平轴均匀分布，所有值数据沿垂直轴均匀分布。

但是，如果图表中绘制的折线图折线线条过多，会导致数据难以识别和分析。与柱状图一样，折线图中的线条数也不宜过多，一般不要超过 3 条。线条数过多，容易导致不宜辨识和区分。

如果在图表中表达的数据类别比较多，建议不要将其绘制在同一个折线图中，可以将每种数据分别绘制成一种折线图，然后调整它们的 Y 轴坐标，使其刻度值保持一致。这样不仅可以直接对比不同的折线，还可以查看每种产品数据自身的变化情况。

绘制折线图的原则如下：

1. 减少 Y 轴刻度单位以增强数据波动情况

在折线图中，可以显示数据点以表示单个数据值，也可以不显示这些数据点，而表示某类数据的趋势。如果有很多数据点且它们的显示顺序很重要，此时折线图尤其有用。当有多个类别或数值是近似的时，一般使用不带数据标签的折线图。

实例 3-7　减少 Y 轴刻度单位

图 3-38 是某汽车厂 2019 年 1—12 月份销售量走势图，图形的左侧图表 Y 轴边界是以 0 为最小值、60 为最大值设置的边界刻度，并按 20 为主要刻度单位递增。而右侧图表 Y 轴是以 30 作为基准线，主要刻度单位是按照 5 增加的。由于刻度值的不同使得左侧图表中这些位置过于靠上，并且折线的变化趋势不明显。右侧图表的折线占了图表的三分之二左右，既不拥挤也不空旷，同时也能反映出数据的变化情况。通过对比发现，在适当时候更改折线图中的起点刻度值可以让图表表现得更深刻。

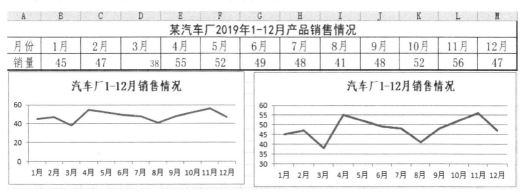

图 3-38　汽车厂 2019 年 1—12 月销售情况折线图

要调整 Y 轴的最小值和刻度值，只需选中 Y 轴坐标，打开坐标轴格式窗格，如图 3-39 所示，调整坐标轴最小值和主要刻度单位即可。

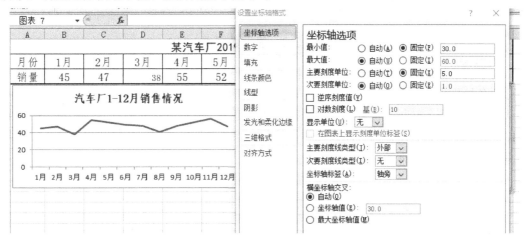

图 3-39　设置坐标轴格式

在折线图中，Y 轴表示的是数值，X 轴表示的是时间或有序类别。在对 Y 轴刻度进行优化后，还应该对 X 轴的一些特殊坐标进行编辑。例如常见的带年月的时间横坐标轴，在图 3-40 中横坐标就显得冗长，这时如果对相同年份的月份省略年份，显示就不会拥挤，因此可以在数据源中调整日期。这样对比两张图，后者横轴的日期文本明显更清晰，一看就能明白月份属于何年。

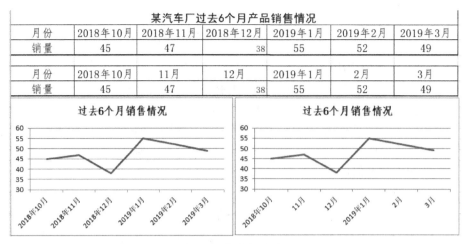

某汽车厂过去6个月产品销售情况					
月 份	2018年10月	2018年11月	2018年12月	2019年1月	2019年2月	2019年3月
销 量	45	47	38	55	52	49

月 份	2018年10月	11月	12月	2019年1月	2月	3月
销 量	45	47	38	55	52	49

图 3-40 省略年份效果

2. 突出显示折线图中的数据点

在图表中单击，进而在图表右侧单击出现的"图表元素"项，勾选"数据标签"，可为图表加上数据标签，也可以单击出现的数据标签，选择删除个别不需要出现的标签。

除数据标签能直接分辨出数据的转折点外，还有一个方法，就是在系列线的拐弯处用一些特殊形状标记出来，这样就可以轻易分辨出每个数据点了。

虽然折线图和柱状图都能表示某个项目的趋势，但是柱状图更加注重直条本身的长度，即直条所表示的值，所以一般都会将数据标签显示在直条上，而若在较多数据点的折线图中显示数据点的值，不但数据之间难以辨别所属系列，而且整个图表会失去美观性，只有在数据点相对较少时，显示数据标签才可取。

实例 3-8 显示数据点

为了表示数据点的变化位置，需要特意将转折点标示出来。图 3-41 左侧图表用数据标签标注各转折点的位置，但并不直接，而且不同折线的数据标签容易重叠，使得数字难以辨认。右侧图表各转折点位置显示为比折线线条更大、颜色更深的圆点形状，整个图表的数据点之间更容易分辨，而且图表也显得简单。除此之外，右侧图还特意将每条折线的最高点和最低点用数据标签显示出来。

某汽车厂过去6个月产品销售情况					
月 份	1月	2月	3月	4月	5月	6月
轿车	85	81	85	63	48	78
卡车	45	47	78	55	52	49

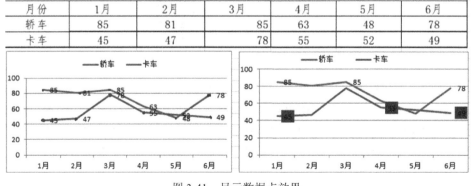

图 3-41 显示数据点效果

步骤 1：双击图表中的任意系列打开数据系列格式窗格，在"系列选项"组中单击填充图标，然后切换至"标记"选项列表下，单击"数据标记选项"展开下拉列表，在展开的列表中单击"内置"单选按钮，再设置标记"类型"为正方形。同样地，在"标记"列表下，单击"填充"按钮展开列表，在列表中设置颜色为红色。

步骤 2：在折线图中标记各数据点时，选择不同的形状可以标记不同的效果。但是在设置标记点的类型时有必要调整其形状的大小，使其不至于太小难以分辨，也不至于过大而削弱折线本身的作用。

3. 通过面积图显示数据总额

在折线图中添加面积图，属于组合图形中的一种。面积图又称区域图，它强调数据随时间而变化的程度，可提示我们对总值变化趋势的关注。例如，表示随时间而变化的利润的数据时，可以绘制折线图并在其中添加面积图以强调总利润。

实例 3-9　绘制面积图

图 3-42 中左侧的折线图展示了某月某商品不同单价的销售差异情况，从图表中可以看出这段时间的销售额波动不大，而右侧的折线图+面积图不仅显示了这段时间内销量的差异情况，而且在折线下方有颜色的区域还强调了这段时间内销售总额的情况，即销售额等于横坐标值乘以纵坐标值。从对比结果可以发现，在分析总销售额或总利润时，为折线图添加面积图效果更加直观和明确。

单价	6	6.3	5.5	5	5.4	6.1	6.2
销量	85	79	90	120	88	82	81
销售额	510	497.7	495	600	475.2	500.2	502.2

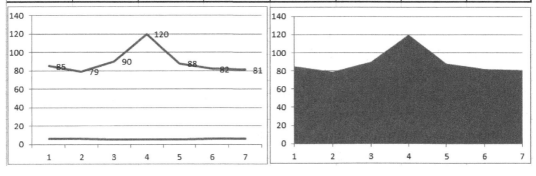

图 3-42　面积图

3.3.3　圆饼图

圆饼图是用扇形面积，也就是以圆心角的度数来表示数量。圆饼图主要用来表示组数不多的数据的内部构成，仅有一个要绘制的数据系列，要绘制的数值没有负值，也几乎没有零值，各类别分别代表整个圆饼图的一部分，各个部分需要标注百分比，且各部分百分比之和必须为 100%。圆饼图可以根据圆中各个扇形面积的大小来判断某一部分在总体中所占比例的多少。

1. 重视圆饼图扇区的位置排序

实例 3-10　圆饼图扇区排序

在图 3-43 左侧图表中，数据是按降序排列的，所以圆饼图中切片的大小以顺时针方向逐渐减小，这其实不符合读者的阅读习惯。通常人们习惯从上到下地阅读，并且在圆饼图中，如果按规定的顺序显示数据，会让整个圆饼图在垂直方向有种失衡的感觉，正确的阅读方式是从上往下阅读的同时还会对圆饼图左右两边切片大小进行比较。所以需要对数据源重新排序，使其出现右侧图表样式。

各部门费用支出占比情况

部门	支出费用.元
业务部	32%
研发部	29%
行政部	15%
财务部	8%
人事部	16%

各部门费用支出占比情况

部门	支出费用.元
研发部	29%
人事部	16%
行政部	15%
财务部	8%
业务部	32%

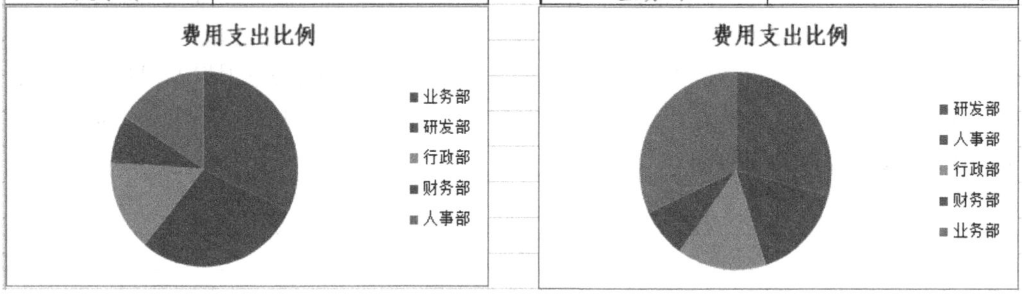

图 3-43　圆饼图扇区

步骤 1：为了让圆饼图的切片排列合理，需要将原始的表格数据重新排序，其排序结果如图 3-44 右图所示，这样排列的目的是将切片大小合理地分配在圆饼图的左右两侧。

圆饼图的切片分布一般是将数据较大的两个扇区设置在水平方向的左右两侧。其实除了通过更改数据源的排列顺序改变圆饼图切片的分布位置外，还可以对圆饼图切片进行旋转，使圆饼图的两个较大扇区分布在左右两侧。

步骤 2：双击圆饼图的任意扇区，打开“设置数据系列格式”窗格，在“序列选项”组中调整“第一扇区起始角度”为 24°，即将原始的圆饼图第一个数据的切片按顺时针旋转 24°。

2. 分离圆饼图扇区强调特殊数据

用颜色反差来强调需要关注的数据在很多图表中是比较适用的，但是圆饼图中，有一种更好的方式来表达相关数据，那就是将需要强调的扇区分离出来。

实例 3-11　分离圆饼图

在图 3-44 图中，为了强调研发部在所有部门中的费用支出占比情况，可以将研发部所代表的扇区单独分离出来，这不但能抢夺读者的眼球，而且整个圆饼图在颜色的搭配上也不失彩，效果明显比左侧图更好。

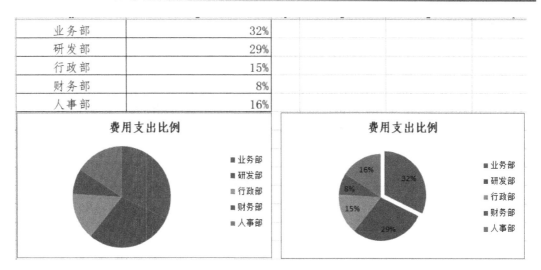

业务部	32%
研发部	29%
行政部	15%
财务部	8%
人事部	16%

图 3-44　分离圆饼扇区图

步骤 1：先依据左侧图表绘制圆饼图。

步骤 2：双击圆饼图打开"设置数据系列"窗格，再单击需要被强调的扇区(系列为"业务部")，然后在"系列选项"组下设置"点爆炸型"的百分比为 10%，即将所选中的扇区分离出来，形成右侧图表。

在圆饼图中，为了显示各部分的独立性，可以将圆饼图的每个部分独立分隔开，这样的图表在形式上胜过没有被分开的扇区。

步骤 3：分隔圆饼图中的每个扇区与单独分离某个扇区的原理是一样的，首先选中整个圆饼图，在"设置数据系列格式"窗格中，单击"系列选项"图标，在"系列选项"组中调整"圆饼图分离程度"值为 8%。

"圆饼图分离程度"的值越大，扇区之间的空隙也就越大。注意，由于选取的是整个圆饼图，所以在"第一扇区起始角度"下方显示的是"圆饼图分离程度"，如果选中的是某个扇区，则"第一扇区起始角度"下方显示的就是"点爆炸型"。

3. 让多个圆饼图对象重叠展示对比关系

任何看似复杂的图形都是由简单的图表叠加、重组而成的。有时为了凸显信息的完整性，需要将分散的点聚集在一起，在图表的设计中也需要利用这一思想来优化图表，让图表在表达数据时更直接有效。

3.3.4　散点图

散点图，在回归分析中是指数据点在直角坐标系平面上的分布图，通常用于比较跨类别的聚合数据。散点图中包含的数据越多，比较的效果越好。

散点图通常用于显示和比较数值，如科学数据、统计数据和工程数据。当不考虑时间的情况而比较大量数据点时，散点图就是最好的选择，在默认的情况下，散点图以圆点显示数据点，如果在散点图中有多个序列，可考虑将每个点的标记形状更改为方形、三角形、菱形或其他形状。

1. 用平滑线连接散点图增强图形效果

实例 3-12　用平滑线连接散点图

图 3-45 所示图表的左图是普通的散点图，数据点的分布展示了最近 10 天的电商销售情况，从图表可以看出周末期间销售总金额较高；但是对比右侧图表，发现左侧图表在连续的日期节点上，数据较密的点上数据不容易区分，右侧图表把数据点全部连接在一起，这样显示的效果比左侧更好。

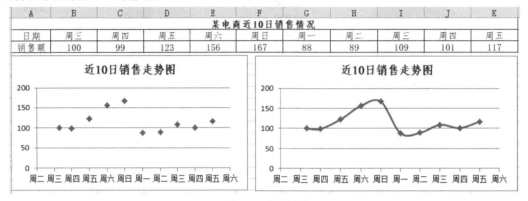

图 3-45　散点图

步骤 1：根据表格数据先绘制左侧图表。

步骤 2：选中图表，在"图表工具"→"设计"选项卡下的"类型"组中单击"更改图表类型"按钮，然后在弹出的对话框中单击 XY 散点图中的"带平滑线和数据标记的散点图"。

步骤 3：更改图表类型后，单击图表中的数据系列，在数据系列窗格中，单击填充图标下的"标记"按钮，然后将线条颜色改为与标记点相同的深蓝色。

气泡图与 XY 散点图类似，不同之处在于 XY 散点图对成组的两个数值进行比较，而气泡图允许在图表中额外加入一个表示大小的变量，所以气泡图是对成组的三个数值进行比较，且第三个数字用来确定气泡数据点的大小。

2. 将直角坐标改为象限坐标凸显分布效果

制作气泡图一般是为了查看被研究数据的分布情况，所以在设计气泡图时，运用数学中的象限坐标来体现数据的分布情况是最直接的。这时图表被划分的象限虽然表示了数据的大小，但不一定出现负数，这需要根据实际被研究数据本身的范围来确定。

3.3.5　侧重点不同的特殊图表

除了直方图、折线图、圆饼图、散点图等传统数据分析图表外，还有一些特殊的数据图表可用于满足不同的数据分析和可视化要求，例如子弹图、温度计、滑珠图、漏斗图等。

1. 用子弹图显示数据的优劣

在 Excel 中制作子弹图，能清楚地看到计划与实际完成情况的对比，常常用于生产管理分析、营销分析、财务分析等。用子弹图表示数据，使数据的相互比较变得十分容易，同时读者也可以快速判断计划数据与实际数据的关系。为了便于对比，子弹图的显示通常采用百分比而不是绝对值。

2. 用温度计显示工作进度

温度计式的 Excel 图表可以比较形象地动态显示某项工作完成的百分比，指示出工作的进度或某些数据的增长。这种图表就像一个温度计一样，会根据数据的改动随时发生直观的变化。要实现这样一个图表效果，关键是用一个单一的单元格(包含百分比值)作为一个数据系列，再对图表区和柱形条填充具有对比效果的颜色。

3. 用漏斗图进行业务流程的差异分析

漏斗图是一种形如漏斗状的明晰展示事件和项目环节的图形。漏斗图由横形或竖形条状图层层拼接而成，分别组成按一定顺序排列的阶段层级。每一层都用于表示不同的阶段，从而呈现出这些阶段之间的某项要素/指标递减的趋势。在 Excel 中绘制漏斗图需要借助堆积条形图来实现。漏斗图适用于业务流程比较规范、周期长、环节多的流程分析，通过漏斗各环节业务数据的比较，能够直观地发现和说明问题所在。

本 章 小 结

本章主要从 Excel 函数与图表入手，介绍 Excel 中常用的函数和常用的图表，同时介绍 Excel 进行数据可视化的基本步骤，并通过实例详细介绍了 Excel 中直方图、折线图、圆饼图、散点图等的制作方法与步骤。

第四章 ECharts 数据可视化

本章将全面介绍 ECharts 的基础架构和其组件的属性,并分别介绍通过 ECharts 进行饼图、柱状图、散点图(气泡图)、折线图、雷达图(填充雷达图)、地图、仪表板、漏斗图等制作的方法和步骤。

4.1 ECharts 基础架构

ECharts,缩写来自 Enterprise Charts,即商业级数据图表,是一个纯 JavaScript 的图表库,提供直观、生动、可交互、可高度个性化定制的数据可视化图表。创新的拖拽重计算、数据视图、值域漫游等特性大大增强了用户体验,赋予了用户对数据进行挖掘、整合的能力。

4.1.1 认识 ECharts

ECharts 是一个使用 JavaScript 实现的开源可视化库,可以流畅地运行在 PC 和移动设备上,兼容当前绝大部分浏览器(IE8/9/10/11、Chrome、Firefox、Safari 等),底层依赖矢量图形库 ZRender,提供直观、交互丰富、可高度个性化定制的数据可视化图表。其支持折线图(区域图)、柱状图(条状图)、散点图(气泡图)、K 线图、饼图(环形图)、雷达图(填充雷达图)、和弦图、力导向布局图、地图、仪表板、漏斗图、事件河流图等 12 类图表,同时提供标题及详情气泡、图例、值域、数据区域、时间轴、工具箱等 7 个可交互组件,支持多图表、组件的联动和混搭展现。

ECharts 最新版本的下载地址为 https://echarts.apache.org/zh/download.html,如图 4-1 所示。

图 4-1 ECharts 下载页面

ECharts 编译后的产物有 echarts.js 和 echarts.min.js 等，其中 echarts.min.js 是编译并压缩后的产物，为便于网络传输，一般使用 echarts.min.js。ECharts 编译后的产物如图 4-2 所示。

	echarts-en.js.map	release: 4.8.0		2 months ago
	echarts-en.min.js	release: 4.8.0		2 months ago
	echarts-en.simple.js	release: 4.8.0		2 months ago
	echarts-en.simple.min.js	release: 4.8.0		2 months ago
	echarts.common.js	release: 4.8.0		2 months ago
	echarts.common.min.js	release: 4.8.0		2 months ago
	echarts.js	release: 4.8.0	←	2 months ago
	echarts.js.map	release: 4.8.0		2 months ago
	echarts.min.js	release: 4.8.0	←	2 months ago

图 4-2　ECharts 编译后的产物列表

ECharts 的主要特性可归纳如下：

1．丰富的可视化类型

ECharts 提供了常规的折线图、柱状图、散点图、饼图、K 线图，用于统计的盒形图，用于地理数据可视化的地图、热力图、线图，用于关系数据可视化的关系图、TreeMap、旭日图，多维数据可视化的平行坐标，还有用于 BI 的漏斗图、仪表板，并且支持图与图之间的混搭。

除了已经内置的包含丰富功能的图表外，ECharts 还提供了自定义系列，只需要传入一个 renderItem 函数，就可以将数据映射到任何你想要的图形上，更加优秀的是这些图形都还能和已有的交互组件结合使用而不需要操心其他事情。

用户可以在下载界面下载包含所有图表的构建文件，如果只是需要其中一两个图表，又嫌包含所有图表的构建文件太大，也可以在在线构建中选择需要的图表类型后自定义构建。

2．多种数据格式无需转换直接使用

ECharts 内置的 dataset 属性(4.0+)支持直接传入包括二维表、key-value 等多种格式的数据源，通过简单地设置 encode 属性就可以完成从数据到图形的映射。这种方式更符合可视化的直觉，省去了大部分场景下数据转换的步骤，而且多个组件能够共享一份数据而不用克隆。

为了配合大数据量的展现，ECharts 还支持输入 TypedArray 格式的数据，TypedArray 在大数据量的存储中可以占用更少的内存，对 GC 友好等特性也可以大幅度提升可视化应用的性能。

3．千万数据的前端展现

通过增量渲染技术(4.0+)，配合各种细致的优化，ECharts 能够展现千万级的数据量，并且在这个数据量级依然能够进行流畅的缩放、平移等交互。

几千万的地理坐标数据就算使用二进制存储也要占用上百兆字节(MB)的空间。因此

ECharts 同时提供了对流加载(4.0+)的支持，用户可以使用 WebSocket 或者对数据分块后加载，加载多少渲染多少，不需要漫长地等待所有数据加载完再进行绘制。

4. 移动端优化

ECharts 针对移动端交互做了细致的优化，例如移动端小屏上适于用手指在坐标系中进行缩放、平移。PC 端也可以用鼠标在图中进行缩放(用鼠标滚轮)、平移等。

细粒度的模块化和打包机制可以让 ECharts 在移动端也拥有很小的体积，可选的 SVG 渲染模块让移动端的内存占用不再捉襟见肘。

5. 多渲染方案与跨平台使用

ECharts 支持以 Canvas、SVG(4.0+)、VML 的形式渲染图表。VML 可以兼容低版本 IE，SVG 使得移动端不再为内存担忧，Canvas 可以轻松应对大数据量和特效的展现。不同的渲染方式提供了更多选择，使得 ECharts 在各种场景下都有更好的表现。

除了 PC 和移动端的浏览器，ECharts 还能在 node 上配合 node-canvas 进行高效的服务端渲染(SSR)。从 4.0 开始 ECharts 开发团队还和微信小程序的团队合作，提供了 ECharts 对小程序的适配。

6. 深度的交互式数据探索

交互是从数据中发掘信息的重要手段。"总览为先，缩放过滤按需查看细节"是数据可视化交互的基本需求。

ECharts 一直在交互的路上前进，其提供了图例、视觉映射、数据区域缩放、文字提示、数据筛选等开箱即用的交互组件，可以对数据进行多维度筛取、视图缩放、展示细节等交互操作。

7. 多维数据的支持以及丰富的视觉编码手段

ECharts 3 开始加强了对多维数据的支持。除了加入了平行坐标等常见的多维数据可视化工具外，对于传统的散点图等，传入的数据也可以是多个维度的。配合视觉映射组件 visualMap 提供的丰富的视觉编码，ECharts 能够将不同维度的数据映射到颜色、大小、透明度、明暗度等不同的视觉通道。

8. 动态数据

ECharts 由数据驱动，数据的改变驱动图表展现的改变。因此动态数据的实现也变得异常简单，只需要获取数据，填入数据，ECharts 会找到两组数据之间的差异然后通过合适的动画表现数据的变化。配合 timeline 组件 ECharts 能够在更高的时间维度上表现数据的信息。

9. 绚丽的特效

ECharts 针对线数据、点数据等地理数据的可视化提供了吸引眼球的特效。

10. 通过 GL 实现更多更强大绚丽的三维可视化

ECharts 提供了基于 WebGL 的 ECharts GL，用户可以与使用 ECharts 普通组件一样轻松地使用 ECharts GL 绘制出三维的地球、建筑群、人口分布的柱状图，在此基础之上，ECharts 还提供了不同层级的画面配置项，只需进行几行配置就能得到艺术化的画面。

4.1.2　ECharts 架构组成

ECharts 主要由基础库、图类、组件、接口组成，各组件的功能如下：

1. 基础库

ECharts 图表库底层依赖于轻量级的 ZRender 类库，通过其内部 MVC 封装，实现图形显示、视图渲染、动画扩展和交互控制等，从而为用户提供直观、生动、可交互、可高度个性化定制的数据可视化图表。

2. 图类

在图形的表示中，ECharts 支持柱状图、折线图、散点图、K 线图、饼图、雷达图、和弦图、力导布局图、地图、仪表板、漏斗图、孤岛等 12 类图表。

3. 组件

ECharts 同时提供坐标轴、网格、极坐标、标题、详情气泡、图例、值域、数据区域、时间轴、工具箱等 10 个可交互组件，支持多图表、组件的联动和组合展现。

4. 接口

ECharts 软件绘制数据是通过引入 ECharts(Enterprise Charts 图表库)接口实现的。ECharts 架构如图 4-3 所示。

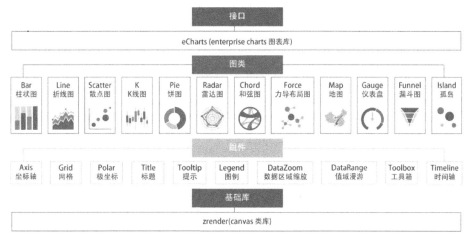

图 4-3　ECharts 架构图

4.1.3　ECharts 架构特点

(1) 可支持直角坐标系、极坐标系、地理坐标系等多种坐标系的独立使用和组合使用，借助 Canvas 的功能，支持大规模数据显示。

(2) 对图表库进行简化，实现按需打包，并对移动端交互进行优化。

(3) 配合视觉映射组件，以颜色、大小、透明度、明暗度等不同的视觉通道方式支持多维数据的显示，并以数据为驱动，通过图表的动画方式展示动态数据。

(4) 提供了 legend、visualMap、dataZoom、tooltip 等组件，增加图表附带的漫游、选

取等操作，提供了数据筛选、视图缩放、展示细节等功能。

4.2 ECharts 基础应用

由于 ECharts 组件库进行了比较严谨、完善的封装，因此 ECharts 入门级使用比较简单，制作一个基本的 ECharts 图表的顺序是获取 Echarts→引入 ECharts→准备 DOM 容器→生成并显示简单的图形。因此在下面的讲述中主要介绍各种基本图表的制作方法和步骤。

4.2.1 ECharts 入门案例

实例 4-1 ECharts 入门——用 ECharts 制作柱状图

某汽车厂 2019 年各产品系列的销售情况如下表：

产品系列	轿车	SUV	皮卡	重卡	客车
销售量/万台	66	78	41	13	26

现利用 ECharts 绘制柱状图，步骤如下：

步骤 1：打开 Eclipse(Eclipse Java EE IDE for Web Developers)集成化开发工具，新建一个 Dynamic Web Project 项目，项目名称为 ECharts_Pro，如图 4-4 所示。

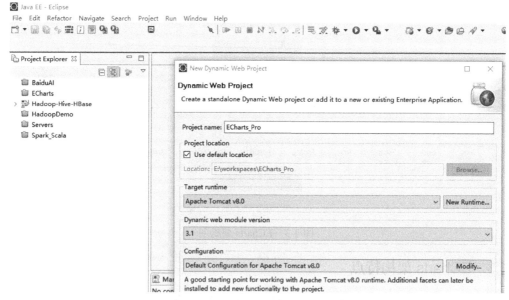

图 4-4 创建 Dynamic Web Project 项目

将项目的 Context root 修改为"/"，这样通过 Web 访问时就可以不用加项目名称，是否生成 web.xml 文件，选择是或否均可。如图 4-5 所示。

步骤 2：在 ECharts_Pro 项目的 WebContent 目录下创建一个 echarts 目录，然后创建一个名为 bar.html 的 html 静态 Web 页面，如图 4-6 所示。

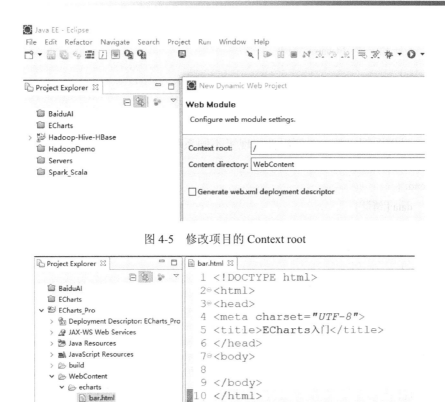

图 4-5　修改项目的 Context root

图 4-6　创建静态的 Web 页面 bar.html

步骤 3：在 http://echarts.apache.org/网站上下载 echarts.min.js 文件(版本号为 v4.8.0)，然后将其放到 WebContent 下的 js 子目录下，并将 echarts.min.js 文件引入 bar.html 文件，然后在 bar.html 下准备一个容器 div，设置容器的宽和高，如图 4-7 所示。

图 4-7　引入库文件并配置容器

步骤 4：初始化一个 ECharts 实例，代码如下：

```
var myChart = echarts.init(document.getElementById('main'));
```

步骤 5：为图表配置标题"第一个 ECharts 实例"，代码如下：

```
title: {
    text: '第一个 ECharts 实例'
}
```

步骤 6：配置提示信息：

```
tooltip: {}
```

步骤 7：设置图例组件，图例组件展现了不同系列的标记(symbol)、颜色和名字。可以通过点击图例控制哪些列不显示。

```
legend: {
    data:['销量']
}
```

步骤 8：配置要在 X 轴显示的项，代码如下：

```
xAxis: {
    data: ["轿车","SUV","皮卡","重卡","客车"]
}
```

步骤 9：配置要在 Y 轴显示的项，代码如下：

```
yAxis:{}
```

步骤 10：设置系列列表，每个系列通过 type 决定自己的图表类型，代码如下：

```
series: [{
        name: '销量',
        type: 'bar',
        data: [66, 78, 41, 13, 26]
    }]
}
```

每个系列通过 type 决定自己的图表类型：

type:'bar'：柱状/条形图

type:'line'：折线/面积图

type:'pie'：饼图

type:'scatter'：散点(气泡)图

type:'effectScatter'：带有涟漪特效动画的散点(气泡)

type:'radar'：雷达图

type:'tree'：树形图

type:'treemap'：树形图

type:'sunburst'：旭日图

type:'boxplot'：箱形图

type:'candlestick'：K 线图

type:'heatmap'：热力图

type:'map'：地图

type:'parallel'：平行坐标系的系列

type:'lines'：线图

type:'graph'：关系图

type:'sankey'：桑基图

type:'funnel'：漏斗图

type:'gauge'：仪表板

type:'pictorialBar'：象形柱图

type:'themeRiver'：主题河流图

type:'custom'：自定义系列

步骤 11：使用刚指定的配置项和数据显示图表，代码如下：

```
myChart.setOption(option);
```

通过以上步骤的设置，即可形成一个完整的柱状图 HTML 程序文件，具体代码如下：

```html
<!DOCTYPE html>
<html>
<head>
<meta charset="UTF-8">
<title>ECharts 入门</title>
<!-- 引入 echarts.min.js -->
<script type="text/javascript" src="/js/echarts.min.js"></script>
</head>
<body>
<!-- 为 ECharts 准备一个具备大小(宽高)的 div 容器 -->
<div id="main" style="width: 600px;height:400px;"></div>
<script type="text/javascript">
        // 基于准备好的 Dom，初始化 ECharts 实例
        var myChart = echarts.init(document.getElementById('main'));
        // 指定图表的配置项和数据
        var option = {
            title: {
                text: '第一个 ECharts 实例'
            },
            tooltip: {},
            legend: {
                data:['销量']
            },
            xAxis: {
                data: ["轿车","SUV","皮卡","重卡","客车"]
            },
            yAxis: {},
            series: [{
```

```
            name: '销量',
            type: 'bar',
            data: [66, 78, 41, 13, 26]
        }]
    };
    // 使用刚指定的配置项和数据显示图表
    myChart.setOption(option);
</script>
</body>
</html>
```

步骤 12：发布项目，选中 ECharts_Pro 项目，用鼠标右键点击 Run As→Run on Server，如图 4-8 所示。

图 4-8　发布项目

步骤 13：打开浏览器，在浏览器地址栏中输入访问页面的地址，http://localhost:8080/echarts/bar.html，出现如图 4-9 所示柱状图。

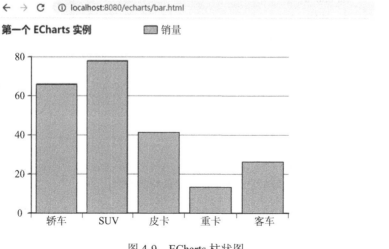

图 4-9　ECharts 柱状图

通过以上 13 个步骤即可完成第一个简单的 ECharts 图表。

4.2.2　ECharts 各配置项详细说明

ECharts 图表的配置项主要包括 theme(主题)、title(图表标题)、legend(图例)、dataRange(值域)等，下面通过程序实例详细介绍 ECharts 图表的配置项的功能与使用。

(1) theme 图表主题设置，主要设置图表的背景色及进行调色板设置。代码如下：

```
theme = {
    // 全图默认背景
    // backgroundColor: 'rgba(0,0,0,0)',

    // 默认色板
    color: ['#ff7f50','#87cefa','#da70d6','#32cd32','#6495ed',
            '#ff69b4','#ba55d3','#cd5c5c','#ffa500','#40e0d0',
            '#1e90ff','#ff6347','#7b68ee','#00fa9a','#ffd700',
            '#6699FF','#ff6666','#3cb371','#b8860b','#30e0e0'],
```

(2) 图表标题设置，设置内容包括图表标题水平、垂直方向的对齐方式，标题文字大小、文字背景色等。代码如下：

```
title: {
    x: 'left',                         //水平安放位置，默认为左对齐，可选为：
                                       // 'center' ¦ 'left' ¦ 'right'
                                       // ¦ {number}(x 坐标，单位为 px)
    y: 'top',                          //垂直安放位置，默认为全图顶端，可选为：
                                       // 'top' ¦ 'bottom' ¦ 'center'
                                       // ¦ {number}(y 坐标，单位为 px)
    //textAlign: null                  //水平对齐方式，默认根据 x 设置自动调整
    backgroundColor: 'rgba(0,0,0,0)',
    borderColor: '#ccc',              //标题边框颜色
    borderWidth: 0,                   //标题边框线宽，单位为 px，默认为 0(无边框)
    padding: 5,                       //标题内边距，单位为 px，默认各方向内边距为 5，
                                      //接受数组分别设定上右下左边距，同 css
    itemGap: 10,                      //主副标题纵向间隔，单位为 px，默认为 10
    textStyle: {
        fontSize: 18,
        fontWeight: 'bolder',
        color: '#333'                 //主标题文字颜色
    },
    subtextStyle: {
        color: '#aaa'                 //副标题文字颜色
```

```
            }
        },
```

（3）图例设置，设置内容包括图例布局方式，水平、垂直方向的对齐方式，背景颜色及图例的高度、宽度等属性。代码如下：

```
        legend: {
            orient: 'horizontal',          //布局方式，默认为水平布局，可选为：
                                           // 'horizontal' ¦ 'vertical'
            x: 'center',                   //水平安放位置，默认为全图居中，可选为：
                                           // 'center' ¦ 'left' ¦ 'right'
                                           // ¦ {number}(x 坐标，单位为 px)
            y: 'top',                      //垂直安放位置，默认为全图顶端，可选为：
                                           // 'top' ¦ 'bottom' ¦ 'center'
                                           // ¦ {number}(y 坐标，单位为 px)
            backgroundColor: 'rgba(0,0,0,0)',
            borderColor: '#ccc',           //图例边框颜色
            borderWidth: 0,                //图例边框线宽，单位为 px，默认为 0(无边框)
            padding: 5,                    //图例内边距，单位为 px，默认各方向内边距为 5，
                                           //接受数组分别设定上右下左边距，同 css
            itemGap: 10,                   //各个 item 之间的间隔，单位为 px，默认为 10，
                                           //横向布局时为水平间隔，纵向布局时为纵向间隔
            itemWidth: 20,                 //图例图形宽度
            itemHeight: 14,                //图例图形高度
            textStyle: {
                color: '#333'              //图例文字颜色
            }
        },
```

（4）值域设置，设置的内容包括布局方式，水平、垂直方向的对齐方式，边框颜色及值域的宽度、高度等属性。代码如下：

```
        dataRange: {
            orient: 'vertical',            //布局方式，默认为垂直布局，可选为：
                                           // 'horizontal' ¦ 'vertical'
            x: 'left',                     //水平安放位置，默认为全图左对齐，可选为：
                                           // 'center' ¦ 'left' ¦ 'right'
                                           // ¦ {number}(x 坐标，单位为 px)
            y: 'bottom',                   //垂直安放位置，默认为全图底部，可选为：
                                           // 'top' ¦ 'bottom' ¦ 'center'
                                           // ¦ {number}(y 坐标，单位为 px)
            backgroundColor: 'rgba(0,0,0,0)',
            borderColor: '#ccc',           //值域边框颜色
```

```
    borderWidth: 0,                    //值域边框线宽，单位为 px，默认为 0(无边框)
    padding: 5,                        //值域内边距，单位为 px，默认各方向内边距为 5，
                                       //接受数组分别设定上右下左边距，同 css
    itemGap: 10,                       //各个 item 之间的间隔，单位为 px，默认为 10，
                                       //横向布局时为水平间隔，纵向布局时为纵向间隔
    itemWidth: 20,                     //值域图形宽度
    itemHeight: 14,                    //值域图形高度
    splitNumber: 5,                    //分割段数，默认为 5，为 0 时为线性渐变
    color:['#1e90ff','#f0ffff'],       //颜色
    //text:['高','低'],                 //文本，默认为数值文本
    textStyle: {
        color: '#333'                  //值域文字颜色
    }
},
```

(5) 工具箱设置，设置内容包括工具箱的布局方式，水平、垂直方向的对齐方式，工具箱的颜色、宽度、高度及工具箱包含的具体子项目等属性。代码如下：

```
toolbox: {
    orient: 'horizontal',              //布局方式，默认为水平布局，可选为：
                                       // 'horizontal' ¦ 'vertical'
    x: 'right',                        //水平安放位置，默认为全图右对齐，可选为：
                                       // 'center' ¦ 'left' ¦ 'right'
                                       //¦ {number}(x 坐标，单位为 px)
    y: 'top',                          //垂直安放位置，默认为全图顶端，可选为：
                                       // 'top' ¦ 'bottom' ¦ 'center'
                                       //¦ {number}(y 坐标，单位为 px)
    color : ['#1e90ff','#22bb22','#4b0082','#d2691e'],
    backgroundColor: 'rgba(0,0,0,0)',  //工具箱背景颜色
    borderColor: '#ccc',               //工具箱边框颜色
    borderWidth: 0,                    //工具箱边框线宽，单位为 px，默认为 0(无边框)
    padding: 5,                        //工具箱内边距，单位为 px，默认各方向内边距为 5，
                                       //接受数组分别设定上右下左边距，同 css
    itemGap: 10,                       //各个 item 之间的间隔，单位为 px，默认为 10，
                                       //横向布局时为水平间隔，纵向布局时为纵向间隔
    itemSize: 16,                      //工具箱图形宽度
    featureImageIcon : {},             //自定义图片 icon
    featureTitle : {
        mark : '辅助线开关',
        markUndo : '删除辅助线',
        markClear : '清空辅助线',
```

```
            dataZoom : '区域缩放',
            dataZoomReset : '区域缩放后退',
            dataView : '数据视图',
            lineChart : '折线图切换',
            barChart : '柱形图切换',
            restore : '还原',
            saveAsImage : '保存为图片'
        }
    },
```

(6) 提示信息设置，设置内容包括触发类型、提示信息颜色、延迟时长、边框属性等
设置。代码如下：

```
tooltip: {
    trigger: 'item',                       //触发类型，默认数据触发，可选为'item' | 'axis'
    showDelay: 20,                         //显示延迟，单位为 ms
    hideDelay: 100,                        //隐藏延迟，单位为 ms
    transitionDuration : 0.4,              //动画变换时间，单位为 s
    backgroundColor: 'rgba(0,0,0,0.7)',    //提示背景颜色
    borderColor: '#333',                   //提示边框颜色
    borderRadius: 4,                       //提示边框圆角，单位为 px，默认为 4
    borderWidth: 0,                        //提示边框线宽，单位为 px，默认为 0(无边框)
    padding: 5,                            //提示内边距，单位为 px，默认各方向内边距为 5，
                                           //接受数组分别设定上右下左边距，同 css
    axisPointer : {                        //坐标轴指示器，坐标轴触发有效
        type : 'line',                     //默认为直线，可选为'line' | 'shadow'
        lineStyle : {                      //直线指示器样式设置
            color: '#48b',
            width: 2,
            type: 'solid'
        },
        shadowStyle : {                    //阴影指示器样式设置
            width: 'auto',                 //阴影大小
            color: 'rgba(150,150,150,0.3)'      //阴影颜色
        }
    },
    textStyle: {
        color: '#fff'
    }
},
```

(7) 区域缩放控制器，设置内容包括区域缩放控制器的布局方式、水平及垂直的安放

位置、背景颜色等属性。代码如下：

```
dataZoom: {
    orient: 'horizontal',              //布局方式，默认为水平布局，可选为：
                                       // 'horizontal' ¦ 'vertical'
    // x: {number},                    //水平安放位置，默认为根据 grid 参数适配
    // y: {number},                    //垂直安放位置，默认为根据 grid 参数适配
    // width: {number},                //指定宽度
    // height: {number},               //指定高度
    backgroundColor: 'rgba(0,0,0,0)',  //背景颜色
    dataBackgroundColor: '#eee',       //数据背景颜色
    fillerColor: 'rgba(144,197,237,0.2)',  //填充颜色
    handleColor: 'rgba(70,130,180,0.8)'    //手柄颜色
},
```

(8) 网格设置，设置内容包括网格的宽度、高度、背景色、边线宽度、边线颜色等属性。代码如下：

```
grid: {
    x: 80,
    y: 60,
    x2: 80,
    y2: 60,
    // width: {totalWidth} - x - x2,
    // height: {totalHeight} - y - y2,
    backgroundColor: 'rgba(0,0,0,0)',
    borderWidth: 1,
    borderColor: '#ccc'
},
```

(9) 类目轴设置，设置内容包括类目轴的位置、坐标轴名字位置、坐标轴轴线属性、坐标轴小标记、坐标轴文本标签等属性。代码如下：

```
// 类目轴
categoryAxis: {
    position: 'bottom',        //位置
    nameLocation: 'end',       //坐标轴名字位置，支持'start' | 'end'
    boundaryGap: true,         //类目起始和结束两端空白策略
    axisLine: {                //坐标轴线
        show: true,            //默认显示，属性 show 控制显示与否
        lineStyle: {           //属性 lineStyle 控制线条样式
            color: '#48b',
            width: 2,
            type: 'solid'
```

```
            }
        },
        axisTick: {                     //坐标轴小标记
            show: true,                 //属性 show 控制显示与否，默认不显示
            interval: 'auto',
            inside : false,             //控制小标记是否在 grid 里
            length :5,                  //属性 length 控制线长
            lineStyle: {                //属性 lineStyle 控制线条样式
                color: '#333',
                width: 1
            }
        },
        axisLabel: {                    //坐标轴文本标签，详见 axis.axisLabel
            show: true,
            interval: 'auto',
            rotate: 0,
            margin: 8,
            textStyle: {                //其余属性默认使用全局文本样式，详见 Textstyle
                color: '#333'
            }
        },
        splitLine: {                    //分隔线
            show: true,                 //默认显示，属性 show 控制显示与否
            lineStyle: {                //属性 lineStyle(详见 lineStyle)控制线条样式
                color: ['#ccc'],
                width: 1,
                type: 'solid'
            }
        },
        splitArea: {                    //分隔区域
            show: false,                //默认不显示，属性 show 控制显示与否
            areaStyle: {                //属性 areaStyle(详见 areaStyle)控制区域样式
                color: ['rgba(250,250,250,0.3)','rgba(200,200,200,0.3)']
            }
        }
    },
```

(10) 数值型坐标轴默认参数设置，设置内容包括数值型坐标轴的位置、名称、分割段数、坐标轴小标记等属性。代码如下：

```
    valueAxis: {
```

```
    position: 'left',                    //位置
    nameLocation: 'end',                 //坐标轴名字位置，支持'start' | 'end'
    nameTextStyle: {},                   //坐标轴文字样式，默认取全局样式
    boundaryGap: [0, 0],                 //数值起始和结束两端空白策略
    splitNumber: 5,                      //分割段数，默认为 5
    axisLine: {                          //坐标轴线
        show: true,                      //默认显示，属性 show 控制显示与否
        lineStyle: {                     //属性 lineStyle 控制线条样式
            color: '#48b',
            width: 2,
            type: 'solid'
        }
    },
    axisTick: {                          //坐标轴小标记
        show: false,                     //属性 show 控制显示与否，默认不显示
        inside : false,                  //控制小标记是否在 grid 里
        length :5,                       //属性 length 控制线长
        lineStyle: {                     //属性 lineStyle 控制线条样式
            color: '#333',
            width: 1
        }
    },
    axisLabel: {                         //坐标轴文本标签，详见 axis.axisLabel
        show: true,
        rotate: 0,
        margin: 8,
        // formatter: null,
        textStyle: {                     //其余属性默认使用全局文本样式，详见 textStyle
            color: '#333'
        }
    },
    splitLine: {                         //分隔线
        show: true,                      //默认显示，属性 show 控制显示与否
        lineStyle: {                     //属性 lineStyle(详见 lineStyle)控制线条样式
            color: ['#ccc'],
            width: 1,
            type: 'solid'
        }
    },
```

```
    splitArea: {                        //分隔区域
        show: false,                    //默认不显示，属性 show 控制显示与否
        areaStyle: {                    //属性 areaStyle(详见 areaStyle)控制区域样式
            color: ['rgba(250,250,250,0.3)','rgba(200,200,200,0.3)']
        }
    }
},
```

(11) 极坐标设置，设置内容包括居中的比例、半径、坐标轴线、坐标轴文本标签、文本风格等属性。代码如下：

```
polar : {
    center : ['50%', '50%'],            //默认全局居中
    radius : '75%',
    startAngle : 90,
    splitNumber : 5,
    name : {
        show: true,
        textStyle: {                    //其余属性默认使用全局文本样式，详见 textStyle
            color: '#333'
        }
    },
    axisLine: {                         //坐标轴线
        show: true,                     //默认显示，属性 show 控制显示与否
        lineStyle: {                    //属性 lineStyle 控制线条样式
            color: '#ccc',
            width: 1,
            type: 'solid'
        }
    },
    axisLabel: {                        //坐标轴文本标签，详见 axis.axisLabel
        show: false,
        textStyle: {                    //其余属性默认使用全局文本样式，详见 textStyle
            color: '#333'
        }
    },
    splitArea : {
        show : true,
        areaStyle : {
            color: ['rgba(250,250,250,0.3)','rgba(200,200,200,0.3)']
        }
```

```
        },
        splitLine : {
            show : true,
            lineStyle : {
                width : 1,
                color : '#ccc'
            }
        }
    },
    textStyle: {
        decoration: 'none',
        fontFamily: 'Arial, Verdana, sans-serif',
        fontFamily2: '微软雅黑',        // IE8-字体模糊并且不支持不同字体混排，额外指定一份
        fontSize: 12,
        fontStyle: 'normal',
        fontWeight: 'normal'
    },
```

(12) 其他设置，包括默认标志图形类型列表、计算特性、动态数据接口是否开启动画效果等属性设置。代码如下：

```
    symbolList : [
        'circle', 'rectangle', 'triangle', 'diamond',
        'emptyCircle', 'emptyRectangle', 'emptyTriangle', 'emptyDiamond'
    ],
    loadingText : 'Loading...',
    // 可计算特性配置，孤岛，提示颜色
    calculable: false,                      //默认关闭可计算特性
    calculableColor: 'rgba(255,165,0,0.6)', //拖拽提示边框颜色
    calculableHolderColor: '#ccc',          //可计算占位提示颜色
    nameConnector: ' & ',
    valueConnector: ' : ',
    animation: true,
    animationThreshold: 2500,               //动画元素阈值，产生的图形元素超过 2500(ms)不出动画
    addDataAnimation: true,                 //动态数据接口是否开启动画效果
    animationDuration: 2000,
    animationEasing: 'ExponentialOut'       //BounceOut
}
```

4.2.3 ECharts 常见图表

ECharts 图表库非常丰富，本小节将分别对不同类型的 ECharts 图表的参数进行说明。

1. ECharts 图表分类

ECharts 图表类型包括 line、bar、scatter、k、pie、radar 等 17 类，具体如表 4-1 所述。

表 4-1　ECharts 图表类型

图表类型	描述
line	包括折线图、堆积折线图、区域图、堆积区域图
bar	包括柱状图(纵向)、堆积柱状图、条状图(横向)、堆积条状图
scatter	包括散点图、气泡图。当多维数据加入时，散点数据可以映射为颜色或大小，而当映射到大小时则为气泡图
k	包括 K 线图、蜡烛图，常用于展现股票交易数据
pie	包括饼图、圆环图、南丁格尔玫瑰图
radar	包括雷达图、填充雷达图、高维度数据展现的常用图表
chord	和弦图，常用于展现关系数据，外层为圆环图，可体现数据占比关系，内层为各个扇形间相互连接的弦，可体现关系数据
force	力导布局图，常用于展现复杂关系网络聚类布局
map	地图，内置世界地图、中国及中国 34 个省市自治区地图数据，可通过标准 GeoJson 扩展地图类型。支持 SVG 扩展类地图应用，如室内地图、运动场、物件构造等
heatmap	热力图，用于展现密度分布信息，支持与地图、百度地图插件联合使用
gauge	仪表板，用于展现关键指标数据，常见于 BI 类系统
funnel	漏斗图，用于展现数据经过筛选、过滤等流程处理后发生的变化，常见于 BI 类系统
evnetRiver	事件河流图，常用于展示具有时间属性的多个事件，以及事件随时间的演化
treemap	矩形树状结构图，简称矩形树图，用于展示树形数据结构，优势是能最大限度地展示节点的尺寸特征
venn	韦恩图，用于展示集合以及它们的交集
tree	树图，用于展示树形数据结构各节点的层级关系
wordCloud	词云图，是关键词的视觉化描述，用于汇总用户生成的标签或一个网站的文字内容

2. ECharts 典型图表

1）柱状图

柱状图默认的配置参数如下：

```
bar: {
    barMinHeight: 0,            //最小高度改为 0
    barGap: '30%',             //柱间距离，默认为柱形宽度的 30%，可设固定值
    barCategoryGap : '20%',    //类目间柱形距离，默认为类目间距的 20%，可设固定值
        itemStyle: {
            normal: {
```

```
barBorderColor: '#fff',              //柱条边线
barBorderRadius: 0,                  //柱条边线圆角，单位为 px，默认为 0
barBorderWidth: 1,                   //柱条边线线宽，单位为 px，默认为 1
label: {
    show: false
    // position: 默认自适应，水平布局为'top'，垂直布局为'right'，可选为'inside'|
        'right'|'top'|'bottom'
    }
},
emphasis: {
barBorderColor: 'rgba(0,0,0,0)',     //柱条边线
barBorderRadius: 0,                  //柱条边线圆角，单位为 px，默认为 0
barBorderWidth: 1,                   //柱条边线线宽，单位为 px，默认为 1
    label: {
        show: false
        // position: 默认自适应，水平布局为'top'，垂直布局为'right'，可选为'inside'|
            'left'|'right'|'top'|'bottom'
        // textStyle: null          //默认使用全局文本样式，详见 TextStyle
        }
    }
}
}
```

实例 4-2　自定义柱状图

步骤 1：首先定义一个基础的柱状图，核心 js 代码如下：

```
// 基于准备好的 Dom，初始化 ECharts 实例
var myChart = echarts.init(document.getElementById('main'));
// 指定图表的配置项和数据
var option = {
    xAxis: {
        data: ["轿车","SUV","皮卡","重卡","客车"]
    },
    yAxis: {},
    series: [{
        name: '销量',
        type: 'bar',
        data: [66, 78, 41, 13, 26]
    }]
};
```

```
// 使用刚指定的配置项和数据显示图表
myChart.setOption(option);
```

生成的柱状图如图 4-10 所示。

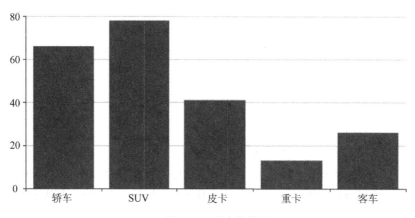

图 4-10　基本柱状图

步骤 2：给图表加上标题，代码如下：

```
title:{
    text:'某汽车厂 2019 年各类汽车销售情况',subtext:'模拟数据'
},
```

步骤 3：给图表加上提示,使鼠标悬浮有文字提示，代码如下：

```
tooltip:{
    trigger: 'axis'
},
```

步骤 4：给图表添加工具箱，使图表的右上角出现工具栏，分别是数据视图、切换折线图或柱状图，代码如下：

```
toolbox:{
    show:true,feature:{
    dataView:{show:true,readOnly:false
    },
    magicType:{show:true,type:['line','bar']},
    }
},
```

步骤 5：给图表添加图例 Legend，代码如下：

```
legend:{
    data:['销量']
},
```

步骤 6：给图例添加边框样式，代码如下：

```
orient:'horizontal',borderColor:'#df3434',borderWidth:2,
```

步骤 7：给图例添加文本样式，并修改其文本样式，代码如下：

```
textStyle:{
    fontSize:12,
    fontWeight:'bolder',
    color:'blue'
},
```

步骤 8：将 series 中的 data 变为如下格式：

```
data:[
    {
        value:66,
        name:' '
    },
    {
        value:78,
        name:' '
    },
    {
        value:41,
        name:' '
    },
    {
        value:13,
        name:' '
    },
    {
        value:26,
        name:' '
    },
]
```

步骤 9：给 data 添加 itemstyle，以在柱状图的顶端显示数字，代码如下：

```
itemStyle:{
    normal:{
        label:{
            color:'#000000',
            show:true,
            position:'top',
        },
    }
},
```

最后通过自定义设置形成的柱状图如图 4-11 所示。

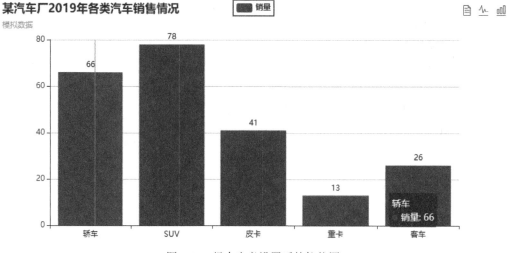

图 4-11　经自定义设置后的柱状图

2) 饼图

饼图默认的配置参数如下：

```
//饼图默认参数
pie: {
    center : ['50%', '50%'],        //默认全局居中
    radius : [0, '75%'],
    clockWise : false,              //默认逆时针
     startAngle: 90,
    minAngle: 0,                    //最小角度改为 0
    selectedOffset: 10,             //选中扇区偏移量
    itemStyle: {
        normal: {
            // color: 各异,
            borderColor: '#fff',
            borderWidth: 1,
            label: {
                show: true,
                position: 'outer'
                // textStyle: null        //默认使用全局文本样式，详见 textStyle
            },
            labelLine: {
                show: true,
                length: 20,
                lineStyle: {
                    // color: 各异,
```

```
                        width: 1,
                        type: 'solid'
                    }
                }
            },
            emphasis: {
                // color: 各异,
                borderColor: 'rgba(0,0,0,0)',
                borderWidth: 1,
                label: {
                    show: false
                    // position: 'outer'
                    // textStyle: null          //默认使用全局文本样式，详见 textStyle
                },
                labelLine: {
                    show: false,
                    length: 20,
                    lineStyle: {
                        // color: 各异,
                        width: 1,
                        type: 'solid'
                    }
                }
            }
        }
    },
```

实例4-3　自定义饼图之南丁格尔玫瑰图

步骤 1：在 ECharts_Pro 项目中新建 pie.html 文件，首先引入 echarts.min.js 文件。

步骤 2：为 ECharts 准备一个具备大小(宽高)的 div 容器，代码如下：

```
<div id="main" style="width: 800px;height:400px;"></div>
```

步骤 3：基于准备好的 Dom，初始化 ECharts 实例，代码如下：

```
var myChart = echarts.init(document.getElementById('main'), 'wonderland');
```

步骤 4：指定图表的配置项和数据。

最终完整的代码为：

```
<!DOCTYPE html>
<html>
<head>
<meta charset="UTF-8">
```

```
<title>ECharts 入门</title>
<!-- 引入 echarts.min.js -->
<script type="text/javascript" src="/js/echarts.min.js"></script>
</head>
<body>
<!-- 为 ECharts 准备一个具备大小(宽高)的 div 容器 -->
<div id="main" style="width: 800px;height:400px;"></div>
<script type="text/javascript">
    //基于准备好的 Dom，初始化 ECharts 实例
    var myChart = echarts.init(document.getElementById('main'), 'wonderland');
    //指定图表的配置项和数据
    myChart.setOption({
        series : [
            {
                name: '各型车销售占比',
                type: 'pie',          //设置图表类型为饼图
                radius: '55%',        //饼图的半径
                data:[                // name 为数据项，value 为数据项值
                    {value:66, name:'轿车'},
                    {value:78, name:'SUV'},
                    {value:51, name:'皮卡'},
                    {value:13, name:'重卡'},
                    {value:26, name:'客车'}
                ]
            }
        ]
    })
</script>
</body>
</html>
```

访问该页面的结果为图 4-12 所示。

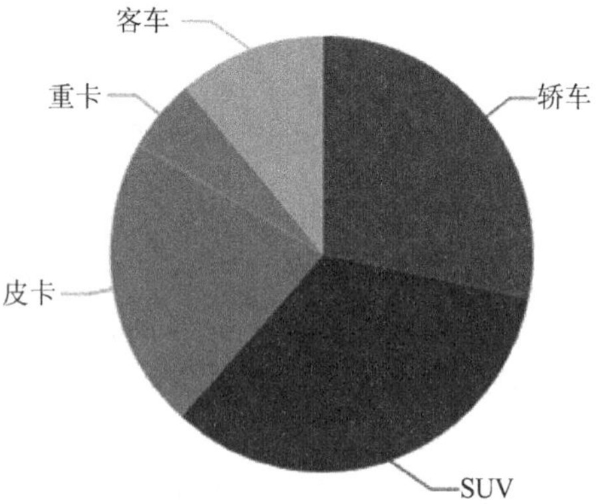

步骤 5：调整背景颜色，代码如下：

```
backgroundColor: '#2c343c',
visualMap: {
    show: false,
    min: 80,
    max: 600,
    inRange: {
        colorLightness: [0, 1]
```

图 4-12　基本的饼图

```
                }
            },
```

步骤 6：调整为南丁格尔玫瑰图，代码如下：

```
    roseType: 'angle',
```

步骤 7：设置 Lable 和 Itemstyle 属性，代码如下：

```
    label: {
                normal: {
                    textStyle: {
                        color: 'rgba(255, 255, 255, 0.3)'
                    }
                }
            },
            labelLine: {
                normal: {
                    lineStyle: {
                        color: 'rgba(255, 255, 255, 0.3)'
                    }
                }
            },
            itemStyle: {
                normal: {
                    color: '#c23531',
                    shadowBlur: 200,
                    shadowColor: 'rgba(0, 0, 0, 0.5)'
                }
            }
```

最后形成的饼图之南丁格尔玫瑰图样式如图 4-13 所示。

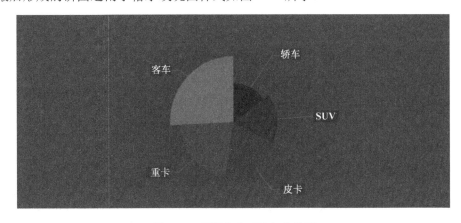

图 4-13 饼图之南丁格尔玫瑰图

3) 折线图

折线图默认的配置参数如下：

```
line: {
    itemStyle: {
        normal: {
            // color: 各异,
            label: {
                show: false
                // position: 默认自适应，水平布局为'top'，垂直布局为'right'
                // textStyle: null
            },
            lineStyle: {
                width: 2,
                type: 'solid',
                shadowColor : 'rgba(0,0,0,0)',      //默认透明
                shadowBlur: 5,
                shadowOffsetX: 3,
                shadowOffsetY: 3
            }
        },
        emphasis: {
            // color: 各异,
            label: {
                show: false
                // position: 默认自适应，水平布局为'top'，垂直布局为'right'
            }
        }
    },
    //smooth : false,
    //symbol: null,               //拐点图形类型
    symbolSize: 2,                //拐点图形大小
    //symbolRotate : null,        //拐点图形旋转控制
    showAllSymbol: false          //标志图形默认只有主轴显示
},
```

实例 4-4   自定义折线图之堆积区域图

步骤 1：在 ECharts_Pro 项目中新建 line.html 文件，首先引入 echarts.min.js 文件。

步骤 2：为 ECharts 准备一个具备大小(宽高)的 div 容器，代码如下：

```
<div id="main" style="width: 800px;height:400px;"></div>
```

步骤 3：基于准备好的 Dom 容器，初始化 ECharts 实例，代码如下：

```
var myChart = echarts.init(document.getElementById('main'));
```

步骤 4：指定图表的配置项和数据，代码如下：

```
var option = {
        xAxis: {
        type: 'category',
        data: ['周一', '周二', '周三', '周四', '周五', '周六', '周日']
        },
        yAxis: {
        type: 'value'
        },
        series: [{
        data: [820, 932, 901, 934, 1290, 1330, 1320],
        type: 'line'
        }]
        };
```

步骤 5：使用指定的配置项和数据显示图表，如图 4-14 所示。

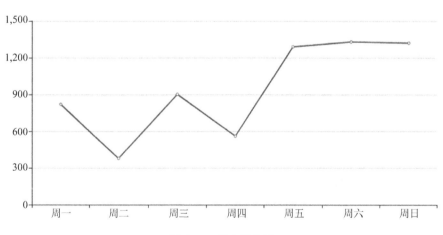

图 4-14　基本折线图

步骤 6：给图表添加标题(title)、工具提示(tooltip)、图例(legend)、工具栏(legend)、表格(grid)，代码如下：

```
title: {
        text: '堆叠区域图'
    },
    tooltip: {
        trigger: 'axis',
        axisPointer: {
            type: 'cross',
            label: {
```

```
                    backgroundColor: '#6a7985'
                }
            }
        },
        legend: {
            data: ['轿车', 'SUV', '皮卡', '重卡', '客车']
        },
        toolbox: {
            feature: {
                saveAsImage: {}
            }
        },
        grid: {
            left: '3%',
            right: '4%',
            bottom: '3%',
            containLabel: true
        },
```

步骤 7：调整 series 项目的数据，内容如下：

```
        series: [
            {
                name: '轿车',
                type: 'line',
                stack: '总量',
                areaStyle: {},
                data: [120, 132, 101, 134, 90, 230, 210]
            },
            {
                name: 'SUV',
                type: 'line',
                stack: '总量',
                areaStyle: {},
                data: [220, 182, 191, 234, 290, 330, 310]
            },
            {
                name: '皮卡',
                type: 'line',
                stack: '总量',
                areaStyle: {},
```

```
            data: [150, 232, 201, 154, 190, 330, 410]
        },
        {
            name: '重卡',
            type: 'line',
            stack: '总量',
            areaStyle: {},
            data: [320, 332, 301, 334, 390, 330, 320]
        },
        {
            name: '客车',
            type: 'line',
            stack: '总量',
            label: {
                normal: {
                    show: true,
                    position: 'top'
                }
            },
            areaStyle: {},
            data: [820, 932, 901, 934, 1290, 1330, 1320]
        }
    ]
```

最终图表如图 4-15 所示。

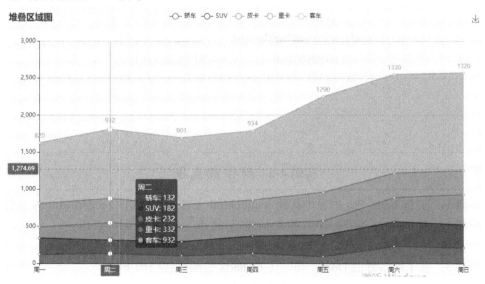

图 4-15　折线图之堆叠区域图

4) 散点图

散点图默认的配置参数如下：

```
scatter: {
    //symbol: null,          //图形类型
    symbolSize: 4,           //图形大小，半宽(半径)参数，当图形为方形或菱形时则总宽度为
                             //symbolSize * 2
    //symbolRotate : null,   //图形旋转控制
    large: false,            //大规模散点图
    largeThreshold: 2000,    //大规模阈值，large 为 true 且数据量大于 largeThreshold 才启用
                             //大规模模式
    itemStyle: {
        normal: {
            // color: 各异,
            label: {
                show: false
                // position: 默认自适应，水平布局为'top'，垂直布局为'right'，可选为'inside'
                 |'left'|'right'|'top'|'bottom'
                // textStyle: null        //默认使用全局文本样式
            }
        },
        emphasis: {
            // color: '各异'
            label: {
                show: false
                //  position: 默认自适应，水平布局为'top'，垂直布局为'right'，可选为
                'inside'|'left'|'right'|'top'|'bottom'
                // textStyle: null        //默认使用全局文本样式
            }
        }
    }
},
```

实例 4-5　制作散点图

步骤 1：在 ECharts_Pro 项目中新建 scatter.html 文件，首先引入 echarts.min.js 文件。

步骤 2：为 ECharts 准备一个具备大小(宽高)的 div 容器，代码如下：

```
<div id="main" style="width: 800px;height:400px;"></div>
```

步骤 3：基于准备好的 Dom，初始化 ECharts 实例，代码如下：

```
var myChart = echarts.init(document.getElementById('main'));
```

步骤 4：指定图表的配置项和数据，代码如下：

```
option = {
    xAxis: {},
    yAxis: {},
    series: [{
        symbolSize: 20,
        data: [
            [3.0, 8.04],
            [4.0, 6.95],
            [6.0, 7.58],
            [9.0, 8.81],
            [11.0, 8.33],
            [14.0, 9.96]
        ],
        type: 'scatter'
    }]
};
```

步骤 5：使用指定的配置项和数据显示图表，如图 4-16 所示。

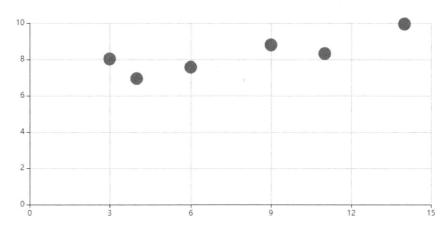

图 4-16　基本散点图

5）雷达图

雷达图默认的配置参数如下：

```
radar : {
    itemStyle: {
        normal: {
            // color: 各异,
            label: {
                show: false
            },
            lineStyle: {
```

```
                        width: 2,
                        type: 'solid'
                    }
                },
                emphasis: {
                    // color: 各异,
                    label: {
                        show: false
                    }
                }
            },
            //symbol: null,                    //拐点图形类型
            symbolSize: 2                      //可计算特性参数，空数据拖拽提示图形大小
            //symbolRotate : null,             //图形旋转控制
        },
```

实例 4-6　制作基础雷达图

步骤 1：在 ECharts_Pro 项目中新建 radar.html 文件，首先引入 echarts.min.js 文件。

步骤 2：为 ECharts 准备一个具备大小(宽高)的 div 容器，代码如下：

```
<div id="main" style="width: 800px;height:400px;"></div>
```

步骤 3：基于准备好的 Dom，初始化 ECharts 实例，代码如下：

```
var myChart = echarts.init(document.getElementById('main'));
```

步骤 4：指定图表的配置项和数据，代码如下：

```
option = {
    title: {
        text: '基础雷达图'
    },
    tooltip: {},
    legend: {
        data: ['预算分配(Allocated Budget)', '实际开销(Actual Spending)']
    },
    radar: {
        // shape: 'circle',
        name: {
            textStyle: {
                color: '#fff',
                backgroundColor: '#999',
                borderRadius: 3,
                padding: [3, 5]
            }
```

```
        },
        indicator: [
                { name: '销售(sales)', max: 6500},
                { name: '管理(Administration)', max: 16000},
                { name: '信息技术(Information Techology)', max: 30000},
                { name: '客服(Customer Support)', max: 38000},
                { name: '研发(Development)', max: 52000},
                { name: '市场(Marketing)', max: 25000}
        ]
    },
    series: [{
        name: '预算 vs 开销(Budget vs spending)',
        type: 'radar',
        // areaStyle: {normal: {}},
        data: [
            {
                value: [4300, 10000, 28000, 35000, 50000, 19000],
                name: '预算分配(Allocated Budget)'
            },
            {
                value: [5000, 14000, 28000, 31000, 42000, 21000],
                name: '实际开销(Actual Spending)'
            }
        ]
    }]
};
```

步骤 5：使用指定的配置项和数据显示图表，如图 4-17 所示。

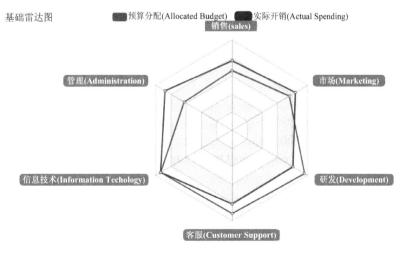

图 4-17　基础雷达图

6) 地图

ECharts 地理坐标/地图的基本配置参数如下：

```
map: {
        mapType: 'china',                       //各省的 mapType 暂时都用中文
        mapLocation: {
            x : 'center',
            y : 'center'
        },
        showLegendSymbol : true,                //显示图例颜色标识(系列标识的小圆点)
        itemStyle: {
            normal: {
                // color: 各异,
                borderColor: '#fff',
                borderWidth: 1,
                areaStyle: {
                    color: '#ccc'//rgba(135,206,250,0.8)
                },
                label: {
                    show: false,
                    textStyle: {
                        color: 'rgba(139,69,19,1)'
                    }
                }
            },
            emphasis: {                         //也是选中样式
                // color: 各异,
                borderColor: 'rgba(0,0,0,0)',
                borderWidth: 1,
                areaStyle: {
                    color: 'rgba(255,215,0,0.8)'
                },
                label: {
                    show: false,
                    textStyle: {
                        color: 'rgba(139,69,19,1)'
                    }
                }
            }
        },
```

实例 4-7 绘制重庆地图

步骤 1：在 ECharts_Pro 项目中新建 map.html 文件，引入 echarts.min.js 和 china.js 文件。

步骤 2：为 ECharts 准备一个具备大小（宽高）的 div 容器，代码如下：

```
<div id="main" style="height: 800px; width: 1200px; background: white; margin: 20px 0 0;"></div>
```

步骤 3：准备重庆各区县的数据，如下所示：

```
var dataMap = [{name :'重庆市'},{name :'长寿'},{name :'璧山'},{name :'涪陵'}]
```

(注：未列全，其他区县名称省略。)

步骤 4：标记出需要在地图上突出显示的区县，代码如下：

```
var specialMap = [ '重庆市', '长寿', '璧山' ];
```

步骤 5：对 dataMap 数据进行处理，使其可以直接在页面上展示，代码如下：

```
for (var i = 0; i < specialMap.length; i++) {
    for (var j = 0; j < dataMap.length; j++) {
        if (specialMap[i] == dataMap[j].name) {
            dataMap[j].selected = true;
            break;
        }
    }
}
```

步骤 6：绘制地图，代码如下：

```
var option = {
    series : [ {
        name : '重庆',
        type : 'map',
        mapType : 'china',
        selectedMode : 'multiple',
        label : {
            normal : {
                show : true,              //显示省份标签
                textStyle:{color:"#c71585"} //省份标签字体颜色
            },
            emphasis : {
                show : true,              //对应的鼠标悬浮效果
                textStyle:{color:"#800080"}
            }
        },
        itemStyle : {
            normal : {
```

```
            borderWidth : .5,              //区域边框宽度
            borderColor: '#009fe8',        //区域边框颜色
            areaColor:"#ffefd5",           //区域颜色
        },
        emphasis : {
            borderWidth : .5,
            borderColor : '#4b0082',
            areaColor : "#ffdead",
        }
    },
    data : dataMap
} ]
};
```

步骤 7：初始化 ECharts 实例并显示该图表，代码如下：

```
var myChart = echarts.init(document.getElementById('main'));
myChart.setOption(option);
```

然后通过浏览器访问该页面，得到的地图如图 4-18 所示。

图 4-18　ECharts 绘制的重庆交通地图

7) 热力图

热力图是以特殊高亮的形式显示访客热衷的页面区域和访客所在的地理区域的图示，其主要通过颜色来表现数值的大小，必须配合 visualMap 组件使用。热力图可以应用在直角坐标系以及地理坐标系上，这两个坐标系上的表现形式相差很大，直角坐标系上必须使用两个类目轴。热力图的主要属性如下：

type：默认值为 heatmap。

name：设置该热力图系列名称，用于 tooltip 的显示和 legend 的图例筛选，在 setOption 更新数据和配置项时用于指定对应的系列。

coordinateSystem：该系列使用的坐标系，可选两个坐标系：

"cartesian2d"，使用二维的直角坐标系(也称笛卡尔坐标系)，通过 xAxisIndex、yAxisIndex 指定相应的坐标轴组件。

"geo"，使用地理坐标系，通过 geoIndex 指定相应的地理坐标系组件。

xAxisIndex：使用 x 轴的 index，在单个图表实例中存在多个 x 轴时有用。

yAxisIndex：使用 y 轴的 index，在单个图表实例中存在多个 y 轴时有用。

geoIndex：使用地理坐标系的 index，在单个图表实例中存在多个地理坐标系时有用。

calendarIndex：使用日历坐标系的 index，在单个图表实例中存在多个日历坐标系时有用。

blurSize：每个点模糊的大小，默认模糊大小为 20，在地理坐标系(coordinateSystem: 'geo')上有效。

minOpacity：最小的透明度，在地理坐标系(coordinateSystem:'geo')上有效。

maxOpacity：最大的透明度，值为 1，在地理坐标系(coordinateSystem:'geo')上有效。

实例 4-8　绘 制 热 力 图

步骤 1：新建 heatmap.htm，并导入 echarts.min.js、china.js 和 bmap.js 文件。

步骤 2：建立一个布局容器，并初始化 ECharts，代码如下：

```
var dom = document.getElementById("main");

var myChart = echarts.init(dom);
```

步骤 3：为 ECharts 配置 option，ECharts 的最终使用是基于设置配置的 option 对象，option 又区分为 BaseOption 和 Options。BaseOption 用于配置所需要呈现的多个 option 中的共同部分，而 Options 用于设置不同部分。其主要代码如下：

```
series : [ {
            name : "人口流动密度",
            type : 'heatmap',              //类型为热力图
            coordinateSystem : 'bmap',     //采用的坐标系(地理坐标系)
            pointSize : 8,                 //显示点的大小
            blurSize : 4,                  //模糊显示点
            /*label: {
                normal: {
                    formatter: '{b}',
                    position: 'right',
                    show: true
                },
                emphasis: {
                    show: true
```

```
                    }
                },*/
                itemStyle : {
                    normal : {
                        color : '#ddb926'
                    }
                }
            } ]
        },
```

然后通过浏览器访问该页面，效果如图 4-19 所示。

图 4-19　热力图

8) 词云图

词云图也叫文字云，是对文本中出现频率较高的"关键词"予以视觉化的展现，词云图过滤掉大量的低频低质的文本信息，使得浏览者只要一眼扫过文本就可领略文本的主旨。

词云图的主要属性有：

type：wordCloud　设置图表的类型。

gridSize：单词间的间隔大小。

rotationRange：[45, 135]　字体旋转角度的范围，这里是 45°～135°。

shape：star　词云的形状，可选值有 cardioid(心形)、diamond(菱形)、square(正方形)、triangle-forward(指向右边的三角形)、triangle-upright(正三角形)、triangle(三角形)、pentagon(五角形)、star(五角星形)。

sizeRange：[10, 60]　最小字体和最大字体。

以下代码为设置词云图的字体样式：

```
        textStyle: {
            normal: {    // 随机生成每个单词的颜色
```

```
        color: function () {
            return 'rgb(' + [
                    Math.round(Math.random() * 255),
                    Math.round(Math.random() * 255),
                    Math.round(Math.random() * 255)
                ].join(',') + ')';
        }
    },
    emphasis: {    // 单词高亮时显示的效果
        shadowBlur: 10,
        shadowColor: '#333'
    }
},
```

实例 4-9 绘 制 词 云 图

步骤 1：新建 wordcloud.htm，并导入 echarts-wordcloud.min.js 和 echarts.min.js 文件。

步骤 2：建立一个布局容器，代码如下：

```
<div id="main" style="width: 100%;height: 50%"></div>
```

步骤 3：初始化 echarts，代码如下：

```
var echarts=echarts.init(document.getElementById('main'));
```

步骤 4：设置词云图的相关属性和数据，代码如下：

```
var option = {
                title: {
                    text: '研发部邮件主题分析',
                    x: 'center',
                    textStyle: {
                        fontSize: 23,
                        color:'#FFFFFF'
                    }
                },
                tooltip: {
                    show: true
                },
                series: [{
                    name: '研发部邮件主题分析',
                    type: 'wordCloud',
                    shape:'star',
                    sizeRange: [6, 66],
                    rotationRange: [-45, 90],
```

```
                textPadding: 0,
                autoSize: {
                    enable: true,
                    minSize: 6
                },
                textStyle: {
                    normal: {
                        color: function() {
                            return 'rgb(' + [
                                Math.round(Math.random() * 160),
                                Math.round(Math.random() * 160),
                                Math.round(Math.random() * 160)
                            ].join(',') + ')';
                        }
                    },
                    emphasis: {
                        shadowBlur: 10,
                        shadowColor: '#333'
                    }
                },
                data: [{
                    name: "Jayfee",
                    value: 666
                }, {
                    name: "Nancy",
                    value: 520
                }]
            }]
        };
        var JosnList = [];
        JosnList.push({
            name: "生活资源",
            value: "999"
        },{
            name: "社会保障",
            value: "407"
        }, {
            name: "一次供水问题",
            value: "11"
```

```
});
option.series[0].data = JosnList;
echarts.setOption(option);
```

注：数据内容做了一定删减。

访问 wordcloud.htm 文件，最终的显示效果如图 4-20 所示。

图 4-20　词云图

9）漏斗图

漏斗图是一种形如漏斗状的明晰展示事件和项目环节的图形。漏斗图由横形或竖形条状图一层层拼接而成 ，分别组成按一定顺序排列的阶段层级。每一层都用于表示不同的阶段，从而呈现出这些阶段之间的某项要素/指标递减的趋势。也有许多漏斗图呈倒立正三角形、喇叭形等。

漏斗图常常应用于各行业的管理。拿销售漏斗图举例，在数据完整、持续和真实的情况下，销售管理员可以了解销售员的客户开发率和转化率。合理分配销售人员负责的区域，有效指导和督促销售员，甚至可以避免员工跳槽时挖走客户。对销售员自身来说，能从环节比例上及时发现自己工作上的问题，改善业绩。除此之外，还有产品的多样性漏斗图，用以展示供应链的配比关系，能够解决供应链的运转问题。

Echarts 漏斗图的主要属性包括：

type：funnel 设置类型为漏斗图。

name：系列名称，用于 tooltip 的显示，legend 的图例筛选，在 setOption 更新数据和配置项时用于指定对应的系列。

min：指定数据最小值，不设置时为 0。

max：指定数据最大值，默认为 100。

minSize：数据最小值(min)映射的宽度，默认为 0%。可以是绝对的像素大小，也可以是相对布局宽度的百分比，如果需要最小值的图形并不是尖端三角形，可通过设置该属性实现。

maxSize：数据最大值(max)映射的宽度，默认为 100%。可以是绝对的像素大小，也可以是相对布局宽度的百分比。

sort：数据排序，可以取 "ascending" "descending"(默认值)、"none"(表示按 data 顺序)，或者一个函数(即 Array.prototype.sort(function (a, b) { ... }))。

gap：数据图形间距。

legendHoverLink：是否启用图例 hover 时的联动高亮，默认为 true。

funnelAlign：水平方向对齐布局类型，默认为居中对齐，可用选项还有"left""right"
"center"(默认值)。

label：漏斗图图形上的文本标签，可用于说明图形的一些数据信息，比如值、名称等。

labelLine：标签的视觉引导线样式，在 label 位置设置为"left"或者"right"时会显示
视觉引导线。

itemStyle：图形样式，有 normal 和 emphasis 两个状态。normal 是图形在默认状态下的
样式；emphasis 是图形在高亮状态下的样式，比如在鼠标悬浮或者图例联动高亮时。

实例 4-10　绘制漏斗图

步骤 1：新建 funnel.htm，并导入 echarts.min.js 文件。

步骤 2：建立一个布局容器，代码如下：

```
<div id="main" style="width: 100%;height: 50%"></div>
```

步骤 3：初始化 echarts，代码如下：

```
var chart1 = echarts.init(document.getElementById("main"));
```

步骤 4：对图表进行属性和数据设置，代码如下：

```
title: { // 图表标题
            text: '就业情况分析',              //标题文本内容
            link: 'http://www.cqcvc.com.cn',  //标题链接地址
            target: 'blank',                  //链接在新窗口打开
            left: '5%',                       //标题距容器左侧 5%
            top: '5%',                        //标题距容器顶部 5%
            textStyle: {                      //标题文本样式
                color: '#000',                //字体颜色
                fontSize: 20,                 //字体大小
            }
    },
    // 弹框提示
    tooltip: {
        trigger: 'item',
        formatter: "{a} <br/>{b} : {c}%"   // a 对应系列名称，b 对应数据项名称，
                                           // c 对应数据项值
    },
    // 图例
    legend: {
        data: ['本市', '省内', '省外', '国外', '情况不明']
    },
    // 金字塔块的颜色
```

color: ['#FF0000', '#FFFF00', '#33ff00', '#33ffff', '#0000ff',],

步骤 5：访问该页面，得到的效果如图 4-21 所示。

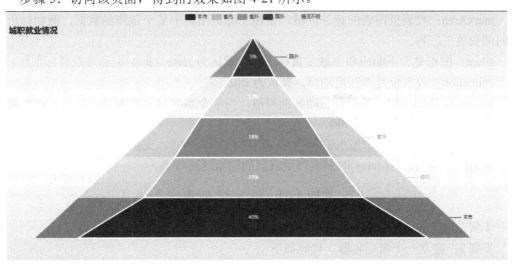

图 4-21　漏斗图

10) 仪表板

仪表板是一种形状如仪表的数据显示图形，一般用于显示诸如任务完成率、完成状态等方面的数据。仪表板的主要属性有：

type：该属性的值应该设置为 gauge。

name：系列名称，用于 tooltip 的显示、legend 的图例筛选，在 setOption 更新数据和配置项时用于指定对应的系列。

radius：仪表板半径，可以是相对于容器高宽中较小的一项的一半的百分比，也可以是一个绝对数值，默认值为 75%。

startAngle：仪表板起始角度，默认为 225。圆心正右手侧为 0°，正上方为 90°，正左手侧为 180°。

endAngle：仪表板结束角度，默认情况下为 −45°。

clockwise：仪表板刻度是否为顺时针增长，默认为 true。

min：最小的数据值，默认为 0，映射到 minAngle。

max：最大的数据值，默认为 100，映射到 maxAngle。

splitNumber：仪表板刻度的分割段数，默认分割为 10 段。

axisLine：仪表板轴线相关配置。

splitLine：仪表板分隔线样式。

axisTick：仪表板中刻度的样式。

axisLabel：设置仪表板的刻度标签。

pointer：仪表板指针。

itemStyle：仪表板指针样式。

title：仪表板标题。

detail：仪表板详情，用于显示数据。

markPoint：仪表板图表的标注。

markLine：仪表板图表的标线。

markArea：仪表板图表的标注区域，常用于标记图表中某个范围的数据，例如标出某段时间投放了广告。

silent：图形是否不响应和不触发鼠标事件，默认为 false，即响应和触发鼠标事件。

animation：仪表板是否开启动画，默认为 true。

animationThreshold：是否开启动画的阈值，当单个系列显示的图形数量大于这个阈值时会关闭动画。默认阈值为 2000。

animationDuration：初始动画的时长，默认时长为 1000，支持回调函数，可以通过每个数据返回不同的延迟(delay)时间实现更戏剧的初始动画效果。

实 例 4-11 　绘 制 仪 表 板

步骤 1：新建 gauge.htm，并导入 echarts.min.js 文件。

步骤 2：建立一个布局容器，代码如下：

```
<div id="main" style="width: 100%;height: 50%"></div>
```

步骤 3：初始化 echarts，代码如下：

```
var myChart = echarts.init(document.getElementById("main"));
```

步骤 4：配置图表的属性和数据，核心配置如下：

```
name: "单仪表板示例",
type: "gauge",
radius: "80%",
center: ["50%", "55%"],
startAngle: 225,
endAngle: -45,
clockwise: true,
min: 0,
max: 100,
splitNumber: 10,
```

步骤 5：访问该页面，得到的效果如图 4-22 所示。

图 4-22　仪表板

3. ECharts 样式介绍

1）颜色主题

从 ECharts4 开始，除了默认主题外，内置了两套主题，分别为 light 和 dark。其使用方式如下：

(1) var chart = echarts.init(dom, 'light');

(2) var chart = echarts.init(dom, 'dark');

2）调色盘

调色盘可以在 option 中设置。调色盘给定了一组颜色，图形、系列会自动从其中选择颜色。可以设置全局的调色盘，也可以设置系列自己专属的调色盘。如图 4-23 所示。

```
option = {
    // 全局调色盘。
    color: ['#c23531','#2f4554', '#61a0a8', '#d48265', '#91c7ae','#749f83',  '#ca8622', '#bda29a','#6e7074',
'#546570', '#c4ccd3'],

    series: [{
        type: 'bar',
        // 此系列自己的调色盘。
        color: ['#dd6b66','#759aa0','#e69d87','#8dc1a9','#ea7e53','#eedd78','#73a373','#73b9bc','#7289ab', '#9
1ca8c','#f49f42'],
        ...
    }, {
        type: 'pie',
        // 此系列自己的调色盘。
        color: ['#37A2DA', '#32C5E9', '#67E0E3', '#9FE6B8', '#FFDB5C','#ff9f7f', '#fb7293', '#E062AE', '#E690D
1', '#e7bcf3', '#9d96f5', '#8378EA', '#96BFFF'],
        ...
    }]
}
```

图 4-23　调色盘

3）直接样式设置

直接样式设置是比较常用的设置方式。纵观 ECharts 的 option 中，很多地方可以设置 itemStyle、lineStyle、areaStyle、label 等。这些地方可以直接设置图形元素的颜色、线宽、点的大小、标签的文字、标签的样式等。

4）高亮样式设置

在鼠标悬浮到图形元素上时，一般会出现高亮样式。默认情况下，高亮样式是根据普通样式自动生成的。如果要自定义高亮样式可以通过 emphasis 属性来定制。例如：

```
emphasis: {
    itemStyle: {
        // 高亮时点的颜色
        color: 'red'
    },
    label: {
        show: true,
        // 高亮时标签的文字
        formatter: '高亮时显示的标签内容'
    }
},
```

4.3   ECharts 高级应用

用 ECharts 制作基本的图表非常简单和方便，为扩展其功能，ECharts 还提供了较多高级应用，这些高级应用主要包括异步数据的加载、交互组件的加入、数据的视觉映射及在图表中添加事件和行为等。

4.3.1   ECharts 异步数据加载

在制作 ECharts 图表时通常需要将数据异步加载后再填入，在实现过程中一般需要 jQuery 等工具，直接异步读取数据的时候需同时设置图表参数并绑定数据。以下为 json 数据的加载过程：

```
{
    "data_pie" : [
    {"value":235, "name":"轿车"},
    {"value":274, "name":"SUV"},
    {"value":210, "name":"皮卡"},
    {"value":135, "name":"重卡"},
    {"value":100, "name":"客车"}
    ]
}
```

考虑到有些数据加载时间较长，Echarts 提供了一个 loading 的动画来提示用户。该动画只需调用 showLoading()方法显示。当数据加载完成后，再调用 hideLoading()方法隐藏加载动画。代码如下：

```
myChart.showLoading();
$.get('car.json').done(function (data) {
myChart.hideLoading();
myChart.setOption(...);
});
```

实例 4-12   jQuery 异步加载数据绘制饼图

步骤 1：新建 json_pie.htm，并导入 echarts.min.js 和 jquery-3.3.1.min.js 文件。
步骤 2：建立一个布局容器，代码如下：

```
<div id="main" style="width: 100%;height: 50%"></div>
```

步骤 3：初始化 ECharts，代码如下：

```
var myChart = echarts.init(document.getElementById("main"));
```

步骤 4：通过 jQuery 工具读取 json 数据，并对 myChart 进行设置，代码如下：

```
$.get('/data/car.json', function (data) {
```

```
myChart.setOption({
    series : [
        {
                name: '汽车销售状况',
                type: 'pie',
                radius: '55%',
                data:data.data_pie
        }
    ]
})
}, 'json')
```

步骤 5：访问 json_pie.html 页面，效果如图 4-24 所示。

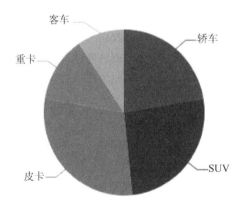

图 4-24　异步加载数据生成 ECharts 饼图

步骤 6：如果异步加载需要一段时间，可以添加 loading 效果，ECharts 默认提供了一个简单的加载动画，只需要调用 showLoading 方法显示。数据加载完成后再调用 hideLoading 方法隐藏加载的动画，代码如下：

```
myChart.showLoading();              //开启 loading 效果
$.get('/data/car.json', function (data) {
    myChart.hideLoading();              //隐藏 loading 效果
    myChart.setOption({
        series : [
            {
                    name: '汽车销售状况',
                    type: 'pie',
                    radius: '55%',
                    data:data.data_pie
            }
        ]
```

```
    })
},'json')
```

4.3.2　ECharts 交互组件的加入

ECharts 提供了很多交互组件：图例组件 legend、标题组件 title、视觉映射组件 visualMap、数据区域缩放组件 dataZoom、时间线组件 timeline。下面我们将介绍如何使用数据区域缩放组件 dataZoom。

dataZoom 组件可以实现通过鼠标滚轮滚动放大或缩小图表的功能。默认情况下 dataZoom 控制 x 轴，即对 x 轴进行数据窗口缩放和数据窗口平移操作。如果想在坐标系内进行拖动，以及用鼠标滚轮(或移动触屏上的两指滑动)进行缩放，那么需要再加上一个 inside 型的 dataZoom 组件。代码如下：

```
dataZoom: [
    {//该 dataZoom 组件默认控制 x 轴
        type: 'slider',         //这个 dataZoom 组件是 slider 型 dataZoom 组件
        start: 10,              //左边在 10%的位置
        end: 60                 //右边在 60%的位置
    },
    {//该 dataZoom 组件也控制 x 轴
        type: 'inside',         //该 dataZoom 组件是 inside 型 dataZoom 组件
        start: 10,              //左边在 10%的位置
        end: 60                 //右边在 60%的位置
    }
    ],
```

运行效果如图 4-25 所示。

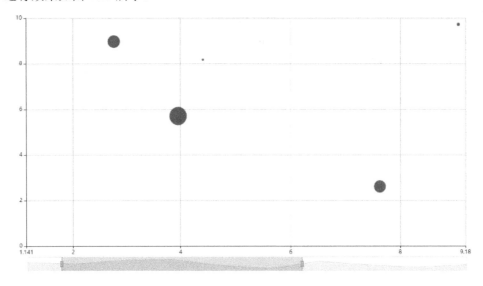

图 4-25　dataZoom 交互式组件的加入

4.3.3　EChart 数据的视觉映射

数据可视化简单来讲就是将数据用图表的形式来展示，专业的表达方式就是说数据可视化是数据到视觉元素的映射过程。ECharts 的每种图表本身就内置了这种映射过程，我们之前学习的柱形图就是将数据映射成长度。

此外，ECharts 还提供了 visualMap 组件来提供通用的视觉映射功能。visualMap 组件中可以使用的视觉元素有：图形类别(symbol)、图形大小(symbolSize)、颜色(color)、透明度(opacity)、颜色透明度(colorAlpha)、颜色明暗度(colorLightness)、颜色饱和度(colorSaturation)、色调(colorHue)。

1. 数据和维度

ECharts 中的数据一般存放于 series.data 中。不同的图表类型，数据格式有所不一样，但是它们的共同特点是其都是其数据项(dataItem)的集合。每个数据项含有数据值(value)和其他信息(可选)。每个数据值可以是单一的数值(一维)或者一个数组(多维)。series.data 最常见的形式是线性表，即一个普通数组，如以下代码：

```
series: {
    data: [
        {// 这里每个项都是数据项(dataItem)
            value: 2323,      //这是数据项的数据值(value)
            itemStyle: {...}
        },
        1212,                 //也可以直接是 dataItem 的 value，这更常见
        2323,                 //每个 value 都是一维的
    ]
}
```

在图表中，往往默认把 value 的前一两个维度进行映射，比如取第一个维度映射到 x 轴，取第二个维度映射到 y 轴。如果想要把更多的维度展现出来，可以借助 visualMap 组件来实现。

2. visualMap 组件

visualMap 组件定义了如何把数据的指定维度映射到对应的视觉元素上。visualMap 组件可以定义多个，从而可以同时对数据中的多个维度进行视觉映射。visualMap 组件可以定义为分段型(visualMapPiecewise)或连续型(visualMapContinuous)，通过 type 来区分。如以下代码：

```
option={
    visualMap:[
        {//第一个 visualMap 组件
            type:'continuous',      //定义为连续型 visualMap
            ...
```

```
            },
            {//第二个 visualMap 组件
                type: 'piecewise',        //定义为分段型 visualMap
                ...
            }
        ],
        ...
    };
```

分段型视觉映射组件有三种模式:

• 连续型数据平均分段:依据 visualMap-piecewise.splitNumber 来自动把数据平均分割成若干块。

• 连续型数据自定义分段:依据 visualMap-piecewise.pieces 来定义每块数据段的范围。

• 离散数据根据类别分段:类别定义在 visualMap-piecewise.categories 中。

分段型视觉映射组件的展现形式如图 4-26 所示。

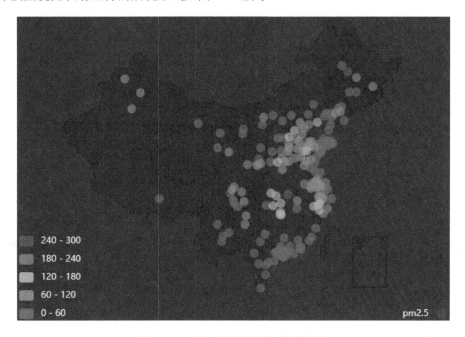

图 4-26　分段型视觉映射组件的运用

3. 视觉映射方式的配置

visualMap 中可以指定将数据的指定维度映射到对应的视觉元素上,例如:

```
    option={
        visualMap:[
            {
                ...,
                inRange:{                          //选中范围中的视觉配置
```

```
                colorLightness: [0.2, 1],      //映射到明暗度上
                symbolSize: [30, 100]
            },
            ...
        },
        ...
    ]
};
```

4.3.4　ECharts 中的事件与行为

在 ECharts 中我们可以通过监听用户的操作行为来回调对应的函数。ECharts 通过 on 方法来监听用户的行为，例如监控用户的点击行为。

ECharts 中的事件分为鼠标事件和组件交互的行为事件两种类型。

1. 鼠标事件

鼠标事件指用户的鼠标操作，如鼠标点击"click""dblclick""mousedown""mousemove" "mouseup""mouseover""mouseout""globalout""contextmenu"的事件。以下实例代码在点击柱状图时会弹出对话框：

```
//基于准备好的 dom，初始化 ECharts 实例
var myChart=echarts.init(document.getElementById('main'));
//指定图表的配置项和数据
var option={
    xAxis:{
        data:["轿车","SUV","皮卡","重卡","客车"]
    },
    yAxis:{},
    series:[{
        name:'销量',
        type:'bar',
        data:[5,20,36,10,10]
    }]
};
//使用刚指定的配置项和数据显示图表
myChart.setOption(option);
//处理点击事件并且弹出数据名称
myChart.on('click', function (params){
    alert(params.name);
});
```

效果如图 4-27 所示。

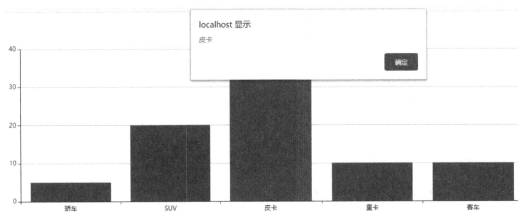

图 4-27　ECharts 图的鼠标事件

2. 组件交互的行为事件

在 ECharts 中基本上所有的组件交互行为都会触发相应的事件。常用的事件包括：指定与取消数据图形高亮显示，显示和隐藏提示框，数据区域缩放，与图例组件相关的行为等。下面是监听一个图例开关的示例代码：

```
//图例开关的行为只会触发 legendselectchanged 事件
myChart.on('legendselectchanged',function (params){
    //获取点击图例的选中状态
    var isSelected=params.selected[params.name];
    //在控制台中打印
    console.log((isSelected?'选中了':'取消选中了')+'图例'+params.name);
    //打印所有图例的状态
    console.log(params.selected);
});
```

事件效果如图 4-28 所示。

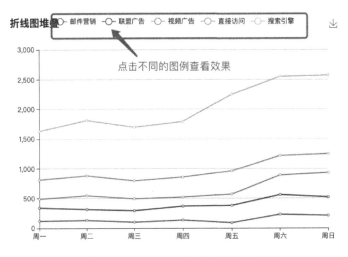

图 4-28　ECharts 组件交互的行为事件

本 章 小 结

本章主要从 ECharts 的基本配置介绍入手，重点介绍了 ECharts 进行数据可视化的步骤与方法，同时对 ECharts 的异步数据加载、交互组件的加入、数据的视觉映射、事件和行为进行了详细介绍。

第五章 Tableau 数据可视化入门

Tableau 是用来帮助人们快速把数据转换为可视化图形的有效工具。用户只要进行简单的操作就可以构建仪表板(亦称仪表盘),并进行即时数据分析。人们通过 Tableau 可以与其他任何人共享自己的工作成果,好的成果可对企业决策发挥重要影响。Tableau 受众非常广泛,从全球性的跨国企业到早期的初创企业都在用 Tableau 来查看和分析理解数据。因此作为数据可视化的执行者、Tableau 的使用者以及 Tabluea 生态圈的开发者,都需要了解 Tableau 的关键可视化技术、特征以及产品生态圈,并能对 Tableau 进行简单的操作。

5.1 Tableau 概述

作为领先的数据可视化工具,Tableau 具有许多独特的功能。其数据发现和探索应用程序功能可快速回答重要的问题。用户可以使用 Tableau 的界面拖放功能达到可视化任何数据的目的。通过 Tableau 可以探索不同的视图,甚至能轻松地将多个数据库组合在一起。对于很多复杂的业务问题,人们都可以通过使用 Tableau 把相关数据进行快速可视化来达到理解、分析数据并找出应对策略的目的。同时,使用 Tableau 对数据的分析结果还可以与第三方共享。

5.1.1 Tableau 的数据可视化及关键技术

如今信息技术的发展已带领我们进入大数据的时代,相应地,人们对数据可视化的需求也在不断增加。一般来说,大多数数据可视化可分为探索型和解释型两种不同的类型。探索型数据可视化可帮助人们发现数据背后的故事,而解释型数据可视化则是通过直观展示帮助人们了解数据的特征。Tableau 针对不同的数据结构,应用了地理空间数据可视化技术、时变数据可视化技术、关系数据可视化技术、高维数据可视化技术、文本数据可视化技术、可视化交互设计技术等。所有这些技术的应用构成了 Tableau 的应用技术生态。本小节将就数据可视化前端展示技术以及 Tableau 的核心可视化技术进行简要讲解,以期为读者抛砖引玉。

1. 前端可视化技术

目前比较常用的可视化前端技术有 Highcharts、ECharts、Charts、D3 等几种。它们都是通过 Canvas 与 SVG 两种浏览器图形渲染技术来实现的,表 5-1 通过对比两种不同的前端渲染技术以使读者对不同渲染技术的特点有所了解。

表 5-1　Canvas 与 SVG 前端渲染技术的对比

SVG	Canvas
不依赖分辨率	依赖分辨率
支持事件处理器	不支持事件处理器
适合带有大型渲染区域的应用	弱的文本渲染能力
复杂度高会减慢渲染速度	能够以 .PNG 或 .JPG 格式保存结果图像
不适合游戏应用	最适合图像密集型的游戏
可以为某个元素附加 js 事件处理器	一旦图像绘制完成则浏览器不再关注
每个被绘制的图像都称为对象	如果位置发生变化则需要重新绘制

2. Tableau 的两个关键技术 VizQL™与 Hyper

2003 年 Tableau 在斯坦福大学诞生，其源于一种彻底改变数据使用方式的技术——VizQL™。VizQL™ 是一种获得专利的查询语言，它可将用户的操作转换成数据库查询，然后以图形来表示查询结果。有了它，用户只需使用简单的拖放功能就可创建复杂的可视化效果。Tableau 的另一个突破性创新来自于命名为 Hyper 的数据引擎技术，Hyper 可以在几秒钟内对几十亿行的数据完成临时分析。Hyper 是 Tableau 平台的核心技术，它利用专有的动态代码生成机制和并行方法提高数据的生成速度及查询的执行速度。下面分别就VizQL™ 和 Hyper 两种技术进行介绍。

1) VizQL™

VizQL™ 是 Tableau 的专有数据快速可视化技术，通过应用该技术用户能够快速可视化数据并达到短时间内理解数据的目的。对于传统的分析工具来说需要先分析行列式数据，选择要显示的数据子集，将这些数据组织成表，然后才能根据此表创建图表。而 VizQL™跳过了这些步骤，直接为数据创建可视化的表现形式，在进行分析时提供可视化反馈。与传统方法相比，VizQL™ 可以更深入地理解数据，显著提高工作效率。

VizQL™ 全新的体系结构及实现方式对传统的可视化的数据交互带来了改变，这种变化类似于 SQL 对文本形式数据交互所带来的改变。通过使用 VizQL™ 技术，人们可以使用同一个分析界面和数据库可视化工具，生成各种各样的图形化汇总图表及报表。有了VizQL™，Tableau 可创建种类丰富的可视化图表，从条形图和折线图到地图和复杂的链接视图等。这种灵活性可让数据分析者以全新的方式理解数据。

2) Hyper

Hyper 是一种高性能的内存数据引擎技术，是 Tableau 平台的核心技术。Hyper 可直接在事务处理型数据库中高效评估分析查询，更快地分析大数据集和复杂数据集。Hyper 利用专有的动态代码生成机制和并行方法提高数据生成速度及查询速度。通过采用采样和摘要等方法，使用数据引擎和分析数据库技术让查询性能得到了提高。通常，分析系统为了优化分析工作负荷牺牲了数据写入性能，而写入性能对于数据快速生成、提取和刷新至关重要。同时，写入性能的不足也会导致数据失去时效性和连接性。Hyper 提供了快速的写入性能和分析工作负荷性能，从而可让人们更加及时地获得数据。使用 Hyper 可以更快地提供最新数据、能够分析更大的数据集，从而获得更全面的信息。

Hyper 在列存储中处理事务和分析查询，在获取数据后无需进行后处理。这样，可以减少陈旧数据并最大限度降低系统之间的连接差异。Hyper 可以在同一个系统中真正兼顾频繁读取工作负载和写入工作负载。这意味着可以在不影响查询速度的情况下快速创建数据提取过程。

不同于其他系统所采用的传统查询执行模型，Hyper 采用了一种新颖的即时编译执行模型，这种模型可以对查询进行优化并将其编译为自定义机器代码，从而可以更好地利用基础硬件。Hyper 在接收到查询时会创建一个树结构并对其进行逻辑优化，将其用作蓝图来创建程序，然后再执行该程序。

Hyper 以很小的工作单元(碎屑)为基础、以大规模多核环境为目标进行设计。这些"碎屑"在所有可用的核之间进行高效分配，从而让 Hyper 可以更加高效地应对核的速度差异，提高了硬件的使用效率，获得更快的性能表现。

5.1.2　Tableau 的主要特征

Tableau 作为轻量级可视化 BI 工具的代表在业界有良好的口碑，其主要有以下几个方面的特性。

1) 速度快效率高

传统 BI 通过 ETL 过程处理，数据分析往往会延迟一段时间。而 Tableau 通过内存数据引擎，不但可以直接查询外部数据库，还可以动态地从数据仓库抽取数据，实时更新连接数据，大大提高了数据访问和查询的效率。

此外，用户通过拖放数据列就可以由 VizQL 转化成查询语句，从而快速改变分析内容；单击就可以突出变亮显示，并可随时下钻或上卷查看数据；添加一个筛选器、创建一个组或分层结构就可变换一个分析角度，实现真正灵活、高效的即时分析。

2) 简单易用

简单易用是 Tableau 非常重要的一个特性。Tableau 提供了非常友好的可视化界面，用户通过轻点鼠标和简单拖放，就可以迅速创建出智能、精美、直观和具有强交互性的报表和仪表板。Tableau 的简单易用性具体体现在以下两个方面：

(1) 易学，不需要技术背景和统计知识。使用者不需要 IT 背景，也不需要统计知识，只需通过拖放和点击(点选)的方式就可以创建出精美、交互式仪表板。帮助业务人员迅速发现数据中的异常点，对异常点进行明细钻取，还可以实现异常点的深入分析，定位异常原因。

(2) 操作简单。对于传统 BI 工具，业务人员和管理人员主要依赖 IT 人员定制数据报表和仪表板，并且需要花费大量时间与 IT 人员沟通需求、设计报表样式，而只有少量时间真正用于数据分析。Tableau 具有友好且直观的拖放界面，操作上类似 Excel 数据透视表，可实现即学即会即用，IT 人员只需将数据准备好，并开放数据权限，业务人员或管理人员就可以连接数据源自己来做分析。

3) 可以连接多种数据源并实现数据融合

在很多情况下，用户想要展示的信息分散在多个数据源中，有的存在于文件中，有的可能存放在数据库服务器上。Tableau 允许从多个数据源访问数据，包括带分隔符的文本文件、Excel 文件、SQL 数据库、Oracle 数据库和多维数据库等。Tableau 也允许用户查看多个数据源，在不同的数据源间来回切换分析，并允许用户把多个不同数据源结合起来使用。

此外，Tableau 还允许在使用关系数据库或文本文件时，通过创建联接(支持多种不同联接类型，如左侧联接、右侧联接和内部联接等)来组合多个表或文件中存在的数据，以允许分析相互有关系的数据。

4) 高效接口集成与可扩展性强

Tableau 提供多种应用编程接口，包括数据提取接口、页面集成接口和高级数据分析接口，具体包括以下几个：

(1) 数据提取 API。Tableau 可以连接使用多种格式数据源，但由于业务的复杂性，数据源的格式多种多样，Tableau 所支持的数据源格式不可能面面俱到。为此，Tableau 提供了数据提取 API，使用它们可以在 C、C++、Java 或 Python 中创建用于访问和处理数据的程序，然后使用这样的程序创建 Tableau 数据提取(.tde)文件。

(2) JavaScript API。通过 JavaScript API，人们可以把通过 Tableau 制作的报表和仪表盘嵌入到已有的企业信息化系统或企业商务智能平台中，实现与页面及用户交互功能的集成。

(3) 与数据分析工具 R 的集成接口。R 是一种用于统计分析和预测建模分析的开源软件编程语言和软件环境，它具有非常强大的数据处理、统计分析和预测建模能力。Tableau 8.1 之后的版本支持与 R 的脚本集成，大大提升了 Tableau 在数据处理和高级分析方面的能力。

Tableau 的高效接口集成和可扩展性能大大提升了其数据分析能力。

5.2　Tableau 产品体系

Tableau 根据不同的用户和使用场景分别开发了对应的版本。对于普通的个人演示用户，推荐使用 Tableau Desktop 版，其可以本地化安装且简单便捷；对于基于 Browser/Server 的网络用户，可以使用 Tableau Server 版；对于在线用户，可以使用 Tableau Online 版；对于移动终端使用频繁的用户，可以使用 Tableau Mobile 版；Tableau Public 提供给公共用户；而 Tableau Reader 可以作为源数据读取的工具。所以，Tableau 产品系列几乎包含了所有用户的使用场景，使用非常广泛。下面就每个具体产品进行简要介绍。

5.2.1　Tableau Desktop

Tableau Desktop 是设计和创建视图与仪表板、实现快捷数据分析功能的桌面端分析工具，包括了 Tableau Desktop Personal(个人版)和 Tableau Desktop Professional(专业版)两个版本，支持 Windows 和 Mac 操作系统。Tableau 个人版仅允许连接到文件和本地数据源，分析成果可以以图片、PDF 和 Tableau Reader 等格式的文件发布。而 Tableau 专业版除了具备个人版的全部功能外，支持的数据源更加丰富，能够连接到几乎所有格式的数据和数据库系统，包括以 ODBC 方式新建数据源库，还可以将分析成果发布到企业或个人的 Tableau 服务器、Tableau Online 服务器和 Tableau Public 服务器上，实现移动办公。

Tableau Desktop 简单易用，使用者不需要精通复杂的编程和统计原理，只需要把数据直接拖放到工具簿中，通过一些简单的设置就可以得到想要的可视化图形。

Tableau Desktop 学习成本很低，使用者可以快速上手，这对于日渐追求高效率和成本控制的企业来说具有吸引力。Tableau Desktop 也特别适合于在日常工作中需要绘制大量报表、进行数据分析或制作图表的人员。但简单、易用并没有妨碍 Tableau Desktop 拥有的性能。

可以说快速、易用、可视化是 Tableau Desktop 最大的特点，其能满足大多数企业、政府机构数据分析和展示的需要以及部分大学、研究机构可视化项目的要求，而且特别适合于企业，且 Tableau 的定位也在于业务分析和商业智能方面。同时，Tableau Desktop 也很高效，其数据引擎处理上亿行数据只需几秒的时间就可以得到结果，数据查询速度比传统数据查询速度要快很多，绘制报表的速度也比传统的制作报表的速度快很多。

5.2.2 Tableau Server

Tableau Serve 是一种基于 Web 浏览器的分析工具，也是一种可移动的商业智能系统，用 iPad、Android 平板可以进行浏览和操作，且 Tableau 的 iPad 和 Android 应用程序都经过触摸优化处理，使其操作非常容易。

企业可以通过服务器来安装 Tableau Server，并由管理员进行管理。管理员将需要访问 Tableau Server 的任何人都作为用户来添加，还可以为用户分配许可级别，不同的许可级别具有不同的权限。管理员还可以自定义视图并与交互的用户提供 Interactor 许可证，为查看与监视视图的用户提供 Viewer 许可证。被许可的用户就可以以将 TableauDesktop(只支持专业版)中完成的数据可视化内容、报告或工作簿发布到 Tableau Server 中与同事共享。用户还可以查看共享的数据并进行交互，这种共享方式也可以更好地管理数据的安全，通过 Tableau Server 共享临时报告，不再需要通过电子邮件发送敏感数据。

5.2.3 Tableau Online

Tableau Online 是 Tableau Server 的托管版本，用来实现快速的商业分析。在智能分析中利用 Tableau Online 发布仪表板并与同事、合作伙伴或其他授权第三方共享可视化结果。Tableau Online 基于服务端部署，用户利用 Web 浏览器或移动设备中的实时交互式仪表板可实现批注与分享。因其基于浏览器，所以可以实现定期的在线更新。

利用 Tableau Online 实现云商业智能，任意时间都可以发现数据背后的真相。无论在何处都可查看仪表板、筛选数据、下钻查询或添加新的数据到工作中。同时，用户还可在 Web 上编辑任何现有视图，利用 Tableau 数据引擎完成问题的随问随答。

Tableau Online 能实现云端数据或本地数据源与 AmazonRedshift 和 Google BigQuery 的实时连接。对于托管在云端的数据源(如 Salesforce 和 Google Analytics)则按计划的时间刷新。也可以从公司内部向 Tableau Online 推送按设定计划刷新的数据以便让相关团队访问。

5.2.4　Tableau Mobile

Tableau Mobile 是基于 iOS 和 Android 平台的移动端应用程序。用户可通过 iPad、Android 设备或移动浏览器查看发布到 Tableau Server 或 Tableau Online 上的工作簿，并可进行简单的编辑和导出操作。Tableau Mobile 的主要功能如下：

(1) 随处编写和查看：编写一次仪表板，就可以在任何设备上随处查看。

(2) 脱机快照：在脱机状态下，也能够以高分辨率图像形式供使用(仅限 iPad)。

(3) 订阅：在需要时将重要信息发送至收件箱，向 Tableau Mobile 订阅工作簿。

(4) 灵活：Tableau Mobile 提供适用于 iPad、Android 和移动浏览器的应用。

(5) 内容安全性：内容加密保存在设备上，并且安全连接到 Tableau Online 与 Tableau Server。

(6) 共享：与团队协作实现数据分析结果的共享。

5.2.5　Tableau Public

Tableau Public 是一款免费的桌面应用程序，用户可以连接 Tableau Public 服务器上的数据，设计和创建自己的工作表、仪表板，并把成果保存到 Tableau Public 服务器上(不可以把成果保存到本地电脑上)。Tableau Public 使用的数据和创建的工作簿都是公开的，任何人都可以与其互动并可随意下载，还可以根据你的数据创建自己的工作簿。Tableau Public 对连接的数据源、数据文件大小和长度都有一定限制。对于文件格式，仅支持 Excel、Access 和多种文本文件，对单个数据文件的行数限制为 10 万行，对数据的存储空间限定在 50 MB 以内。Tableau Public Premium 是 Tableau Public 的高级产品，主要提供给一些组织使用，它提供了数据处理和隐藏底层数据的功能。

5.2.6　Tableau Reader

Tableau Reader 是一个免费的桌面应用程序，用来打开和查看打包工作簿文件(.twbx)，也可以与工作簿中的视图和仪表板进行交互操作，如筛选、排序、向下钻取和查看数据明细等。打包工作簿文件可以通过 Tableau Desktop 创建和发布，也可以从 Tableau Public 服务器下载。用户无法使用 Tableau Reader 创建工作表和仪表板，也无法改变工作簿的设计和布局。

5.3　Tableau 的基础操作

本节将介绍 Tableau 的一些基本操作，使读者熟悉操作界面及其基本功能。通常创建 Tableau 数据分析报告包括如下三个基本步骤：

(1) 连接到数据源。这一步主要用来定位数据源或者使用适当类型的连接来读取数据源。如图 5-1 展示了一个打开的 Tableau 新建界面，其中显示了各种可供使用的数据源。用户可以选择文件或服务器数据源选项。本例在文件菜单下选择 Excel，然后导航到文件"Sample - Superstore.xls"中。

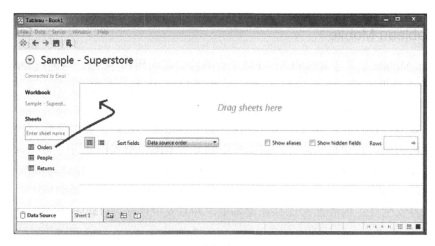

图 5-1　连接数据源界面

(2) 选择维度和度量。从源数据中选择列进行分析。维度是描述性数据，而度量是数字数据。现选择类别(category)和区域(region)作为维度，销售总额 SUM(sales)作为度量。如图 5-2 所示展示了每个区域的各个产品类别的总销售额。

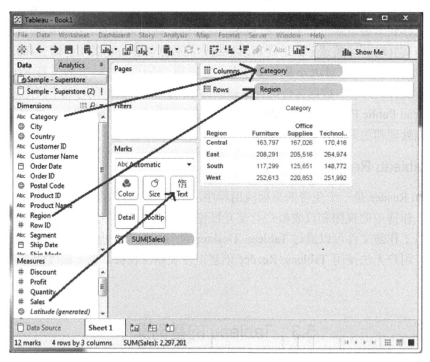

图 5-2　选择维度和度量界面

(3) 应用可视化技术。这一步将所需的可视化方法(如特定图表或图形类型)应用于正在分析的数据中。在上一步中数据仅作为数字使用，通过读取和计算每个值来判断数据表达的结果。也可以将它们看作具有不同颜色的图表。为了更快地做出判断将总和(销售)列从"标记"栏拖放到"列"栏，显示销售额数值的表格会自动变为条形图，如图 5-3 所示。

基于以上三步展示了一个初级业务数据的可视化过程。

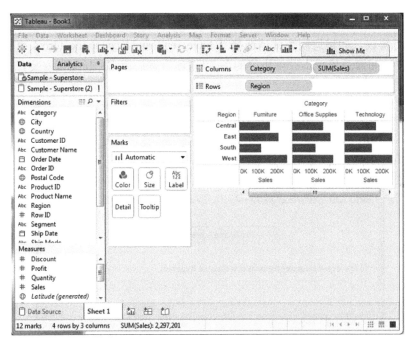

图 5-3　应用可视化界面

5.3.1　Tableau 的下载与安装

Tableau Desktop Personal 版可以从其官方网站进行免费下载，其下载的 URL 地址为 https://www.Tableau.com/products/desktop/download?os=windows，在下载时需要注册用户的详细信息。下载后，安装是一个非常直接的过程，需要接受许可协议并提供安装的目标文件夹。下面的屏幕截图描述了整个设置过程。

1. 启动安装向导

双击 TableauDesktop-64bit-9-2-2.exe 将显示一个允许安装程序运行的界面，点击"Run(运行)"按钮，如图 5-4 所示。

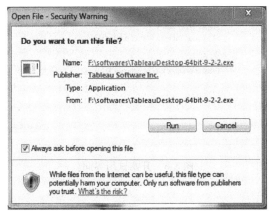

图 5-4　安装向导界面

2. 接受许可协议

阅读许可协议，如果您同意就请选择 I have read and accept the terms of this License Agreement(我已阅读并接受本许可协议的条款)选项。然后单击"Install(安装)"按钮，如图 5-5 所示。

图 5-5　许可协议界面

3. 开始试用

安装完成后 Tableau 弹出 Activate Tableau(激活产品)对话框，其中会提示选择 Start trial now(立即启动试用)或 Start trail later(稍后试用)或者 Activate(激活产品)。如果已购买 Tableau，则输入许可证密钥就可以使用，如图 5-6 所示。

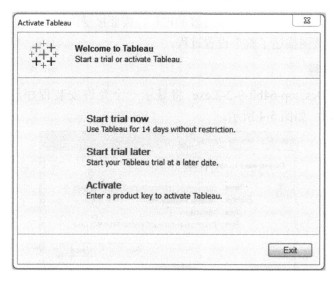

图 5-6　开始试用界面

4. 提供用户信息

这一步需提供用户的姓名和组织详细信息，然后单击"Register(注册)"按钮，如图 5-7 所示。

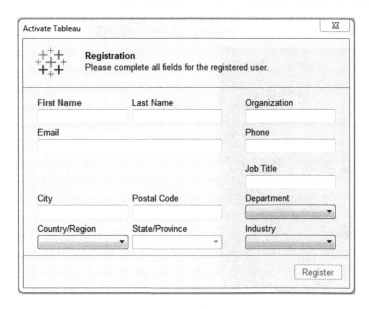

图 5-7　提供信息界面

5. 注册完成

此时出现注册完成界面，继续单击"Continue(继续)"按钮，如图 5-8 所示。

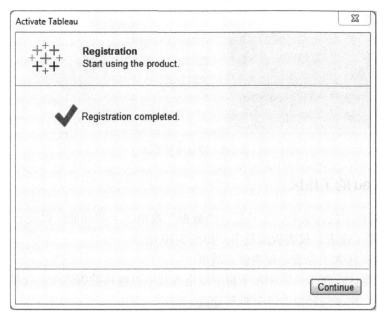

图 5-8　注册完成界面

6. 验证安装

用户也可以通过转到 Windows 开始菜单并单击 Tableau 图标来验证安装，如图 5-9 所示。

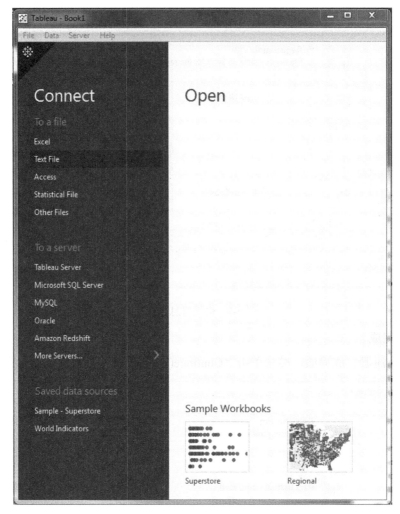

图 5-9　验证安装界面

5.3.2　Tableau 的工作区

Tableau 工作区包含菜单、工具栏、"数据"窗格、卡和功能区以及一个或多个表。同时，表可以是工作表、仪表板或故事，如图 5-10 所示。

  A. 工作簿：包含工作表、仪表板或故事。

  B. 卡和功能区：在工作区中用于将字段拖入其中以便将数据添加到视图中。

  C. 工具栏：用于访问命令及分析和导航。

  D. 视图：可以视为工作区中的画布，用于创建可视化项。

  E. 单击此图标转到"开始"页面。

  F. 侧栏：用于提供"Data(数据)"窗格和"Analytics(分析)"窗格。

  G. 单击此选项卡可转到"数据源"页面并查看数据。

  H. 状态栏：显示有关当前视图的信息。

  I. 工作表标签：用于表示工作簿中的每个表(包括工作表、仪表板和故事)。

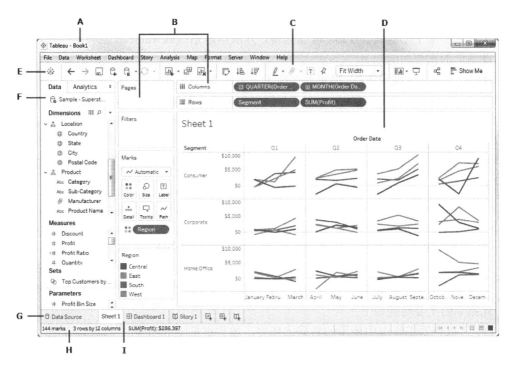

图 5-10　Tableau 工作区

5.3.3　Tableau 的菜单与工具栏

1. Tableau 菜单

Tableau 启动成功后，用户得到具有所有可用菜单命令的主界面，表示 Tableau 中提供的所有功能集。菜单的各个部分如图 5-11 所示，下面我们来介绍每个菜单的详细功能。

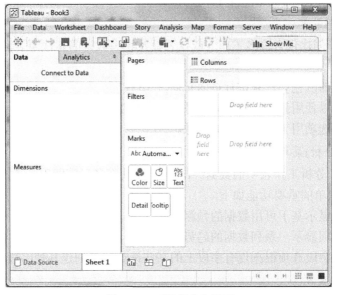

图 5-11　可用菜单主界面

1) File(文件)菜单

文件菜单用于创建新的 Tableau 工作簿，并从本地系统或 Tableau 服务器打开现有工作簿。此菜单的重要功能如下：

(1) "工作簿区域设置"：设置要在报表中使用的语言。

(2) "粘贴工作表"：将从另一个工作簿复制的内容粘贴到当前工作簿中。

(3) "导出打包工作簿"：用于创建将与其他用户共享的打包工作簿。

2) Data(数据)菜单

数据菜单用于创建新的数据源并提取数据分析和可视化。还允许用户替换或升级现有数据源。此菜单的重要功能如下：

(1) "新建数据源"：用于查看所有可用的连接类型并从中选择。

(2) "刷新"：用于刷新数据源表单。

(3) "编辑关系"：用于定义多个数据源中用于链接的字段。

3) Sheet(工作表)菜单

工作表菜单用于创建新的工作表以及提供各种显示功能，如显示标题和摘要等。

此菜单的主要功能如下：

(1) 可以查看工作表中使用的数据的摘要，如数据量(count)等。

(2) 将鼠标悬停在各种数据字段上方时显示的提示内容。

(3) 运行更新选项用于更新工作表数据或使用的过滤器。

4) Dashboard(仪表板)菜单

仪表板菜单用于创建新的仪表板并提供各种显示功能，如显示标题和导出图像等。此菜单的重要功能如下：

(1) 根据仪表板的颜色和设置进行页面布局。

(2) 将仪表板表单链接到外部 URL 或其他工作表的操作。

(3) 导出图像选项用于导出仪表板的图像。

5) Story(故事)菜单

故事菜单用于创建包含许多工作表或仪表板及相关数据的新故事。此菜单的重要功能如下：

(1) 根据故事的颜色和设置进行页面布局。

(2) 运行更新以使用最新的数据表单源来更新故事。

(3) 导出图像选项用于导出故事的图像。

6) Analysis(分析)菜单

分析菜单用于分析工作表中的数据。Tableau 提供许多开箱即用功能，如计算百分比和进行预测等。此菜单的重要功能如下：

(1) 预测选项显示基于可用数据的预测。

(2) 趋势线选项显示一系列数据的趋势线。

(3) 创建计算字段选项根据现有字段上的某些计算结果创建其他字段。

7) Map(地图)菜单

地图菜单用于在 Tableau 中构建地图视图。可以为数据中的字段分配地理角色。此菜单的重要功能如下：

(1) 地图图层选项可隐藏和显示地图的图层，例如街道名称和国家/地区边界，以及添加数据图层。

(2) 地理编码选项可以创建新的地理位置角色并将其分配给数据中的地理字段。

8) Format(格式)菜单

格式菜单用于各种格式设置选项，以增强创建的仪表板的外观和感觉。它提供了诸如边框、颜色、文本对齐等功能。此菜单的重要功能如下：

(1) 将边框应用于报告中显示的字段的边框。

(2) 标题选项用来为报告分配标题。

(3) 单元大小用于自定义显示数据的单元格的大小。

(4) 工作簿主题选项可将主题应用于整个工作簿。

9) Server(服务器)菜单

如果您具有访问权限并发布可让他人使用的结果，则"服务器菜单"可以派上用场，在使用它之前需要登录到 Tableau 服务器。也可用于访问他人发布的工作簿。此菜单的重要功能如下：

(1) 发布工作簿选项用于在服务器中发布需要由其他人使用的工作簿。

(2) 发布数据源选项用于发布工作簿中使用的源数据。

(3) 创建用户过滤器选项用于在工作表上创建各种用户访问报表时的过滤器。

2. 工具栏

创建或编辑视图时，可以使用视图顶部的工具栏执行常见操作。在 Tableau Desktop 中，可以通过选择"window(窗口)"→"show(显示工具栏)"来隐藏或显示 Tableau 工具栏。表5-2 说明了每个工具栏按钮的功能(某些按钮并非在所有 Tableau 产品中都有)。

表 5-2　Tableau 工具栏按钮及其说明

❄	Tableau 图标：导航到开始页面(注意：仅限 Tableau Desktop)
←	撤销：反转工作簿中的最新操作。可以无限次撤销，返回到上次打开工作簿时的文件状态，保存之后也如此
→	重做：重复通过"撤销"按钮撤销的上一次操作，可以重做无限次
⊟	保存：在 Tableau Desktop 中，保存对工作簿所做的更改
⊟₊	新建数据源：在 Tableau Desktop 中，打开"连接"窗格，可以在其中创建新连接或打开已保存的连接
⊟ǁ	暂停自动更新：控制用户进行更改时 Tableau 是否更新视图。使用下拉菜单自动更新整个工作表，或只使用筛选器
↻ ▾	运行更新：运行手动数据查询，以便在关闭自动更新后用所做的更改对视图进行更新。使用下拉菜单更新整个工作表，或只使用筛选器

图标	说明
	新建工作表：创建新的空白工作表。如使用下拉菜单创建新的工作表、仪表板或故事
	复制：创建一个包含当前工作表中所包含的相同视图的新工作表
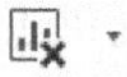	清除：清除当前工作表。使用下拉菜单清除视图的特定部分，如筛选器、格式设置、大小调整和轴范围
	交换：交换"行"功能区和"列"功能区上的字段。始终使用此按钮来交换"隐藏空行"和"隐藏空列"设置
	升序排序：根据视图中的度量，以所选字段的升序来排序
	降序排序：根据视图中的度量，以所选字段的降序来排序
Σ	合计：可以计算视图中数据的总计和小计。从以下选项中选择： 显示列总计：添加一行，显示视图中所有列的合计。 显示行总计：添加一列，显示视图中所有行的合计。 行合计移至左侧：将显示合计的行移至交叉表或视图的左侧。 列合计移至顶部：将显示合计的列移至交叉表或视图的顶部。 添加所有小计：如果在一列或一行中有多个维度，则在视图中插入小计行和列。 移除所有小计：移除小计行或列
	突出显示：启用所选工作表的突出显示。使用下拉菜单上的选项定义突出显示值的方式
	组成员：通过合并所选值来创建组。选择多个维度时，使用下拉菜单指定是对特定维度进行分组还是对所有维度进行分组
T	显示标记标签：在显示和隐藏当前工作表的标记标签之间切换
	固定轴：在仅显示特定范围的锁定轴以及基于视图中的最小值和最大值调整范围的动态轴之间切换
	设置工作簿格式：打开"设置工作簿格式"窗格，通过在工作簿级别而不是在工作表级别指定格式设置，可在工作簿内的每个视图中更改字体和标题的外观
 Standard	适合：指定如何在窗口内调整视图大小。可以选择"标准适合""适合宽度""适合高度"或"整个视图"
	显示/隐藏卡：在工作表中显示和隐藏特定卡。在下拉菜单上选择要隐藏或显示的每个卡
	演示模式：在显示和隐藏视图(即功能区、工具栏、"数据"窗格)之外的所有内容之间切换

续表二

	下载：使用"下载"下面的选项捕获视图的某些部分以在其他应用程序中使用。下载文件可以保存为的类型包括图像、数据、交叉表以及 PDF 等。
⤓	1. 图像：在新的浏览器标签中将视图、仪表板或故事显示为图像。 2. 数据：在新浏览器窗口中使用两个标签显示视图中的数据，即摘要(显示视图中所显示的字段的聚合数据)和基础(显示可视化项中所选标记的基础数据)标签。如果新窗口未打开，则可以通过禁用浏览器的弹出窗口阻止程序。 3. 交叉表：将可视化项中所选标记的基础数据保存为 CSV 文件(用逗号分隔值)，然后可在 Microsoft Excel 中打开该文件。 4. PDF：在新的浏览器窗口中将当前视图作为 PDF 打开。从该窗口中，可以将视图保存为文件。如果新窗口未打开，则可能需开启要禁用浏览器的弹出窗口阻止程序
⤴	与其他人共享工作簿：将工作簿发布到 Tableau Server 或 Tableau Online 上与其他人共享
⊨ Show Me	智能显示：通过突出显示最适合数据中的字段类型的视图类型来帮助用户选择视图类型。建议的图表类型周围会显示一个橙色轮廓

5.3.4　Tableau 的文件类型

在日常工作中可以使用多种不同的 Tableau 专用文件类型来保存成果，如工作簿、书签、打包工作簿、数据提取和数据源文件等。下面逐一介绍每种文件类型。

(1) 工作簿(.twb)。Tableau 工作簿文件具有 .twb 文件扩展名。工作簿中含有一个或多个工作表，以及零个或多个仪表板或故事。

(2) 书签(.tbm)。Tableau 书签文件以 .tbm 作为文件扩展名。书签包含单个工作表，是快速分享所做工作的简便方式。

(3) 打包工作簿(.twbx)。Tableau 打包工作簿以 .twbx 为文件扩展名。打包工作簿是一个 zip 文件，包含一个工作簿以及任何支持本地文件数据的背景图像。这种格式最适合对原始数据的共享。

(4) 数据提取(.hyper 或 .tde)。根据创建数据提取时使用的版本，Tableau 数据提取文件可能具有 .hyper 或 .tde 文件扩展名。提取的文件是部分或整个数据的一个本地副本，可用于在脱机工作时与他人共享数据以及提高性能。

(5) 数据源(.tds)。Tableau 数据源文件以 .tds 为文件扩展名。该源文件可以快速连接到用户经常使用的原始数据。数据源文件不包含实际数据，只包含连接到实际数据所必需的信息以及在实际数据基础上进行的修改。例如更改默认属性、创建计算字段、添加组等。

(6) 打包数据源(.tdsx)。Tableau 打包数据源文件以 .tdsx 为文件扩展名。打包数据源是一个 zip 文件，包含上面描述的数据源文件(.tds)以及任何本地文件数据。例如数据提取文件 (.tde)、文本文件、Excel 文件、Access 文件和本地多维数据集文件。可使用该格式创建一个文件，以便与无法访问用户本地计算机上数据源的其他人分享。

5.3.5 Tableau 的基础操作

通过前面章节的介绍，我们对 Tableau 有了初步的认识。现在用一个简单的例子来完成可视化各个产品销售总额按月变化的柱形图。其中，原始的 Excel 统计文件如图 5-12 所示。

	时间	月份	区域	商品	数量	金额
2	2020/1/5	1月	重庆南岸	电视机	23	25254
3	2020/1/6	1月	重庆江北	电视机	26	28548
4	2020/1/7	1月	重庆渝中	电视机	38	41724
5	2020/1/8	1月	重庆巴南	电视机	39	42822
6	2020/1/9	1月	重庆渝北	电视机	40	43920
7	2020/2/8	2月	重庆南岸	空调	28	35840
8	2020/2/9	2月	重庆江北	空调	26	33280
9	2020/2/10	2月	重庆渝中	空调	33	42240
10	2020/2/11	2月	重庆巴南	空调	38	48640
11	2020/2/12	2月	重庆渝北	空调	36	46080
12	2020/3/5	3月	重庆南岸	洗衣机	26	25480
13	2020/3/6	3月	重庆江北	洗衣机	35	34300
14	2020/3/7	3月	重庆渝中	洗衣机	67	65660
15	2020/3/8	3月	重庆巴南	洗衣机	28	27440
16	2020/3/9	3月	重庆渝北	洗衣机	21	20580
17	2020/4/15	4月	重庆南岸	电饭煲	89	8722
18	2020/4/16	4月	重庆江北	电饭煲	90	8820

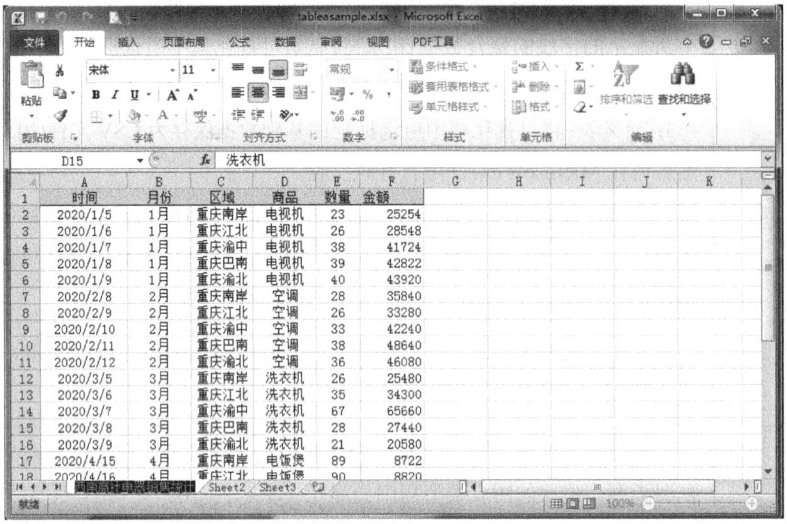

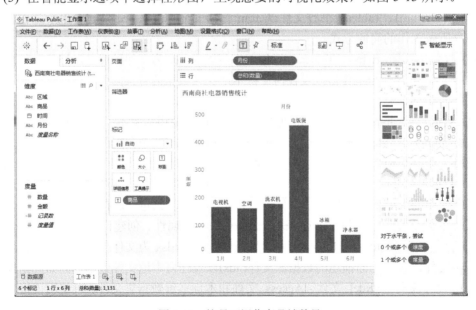

图 5-12　西南商社电器销售统计

本例中统计了每个月重点推销商品的销售数量和金额，要求可视化展示推销产品的月销量变化趋势，具体实现的操作步骤如下：

(1) 通过 Tableau 导入该销售数据，只选择月份、商品和数量字段。

(2) 在列区域中拖入月份维度，在行区域中拖入数量度量，在标记区域中拖入商品维度。

(3) 在智能显示选项中选择柱形图，呈现想要的可视化效果，如图 5-13 所示。

图 5-13　按月可视化商品销数量

本 章 小 结

    本章首先介绍了 Tableau 的关键技术及其主要特征,使读者对 Tableau 有个基本的概念。接着介绍了 Tableau 产品的体系,使读者基本了解了 Tableau 的生态圈。然后介绍了 Tableau 产品的下载安装,以及其主要菜单、工具栏、操作文件类型、格式等基本知识。最后用一个简单的例子介绍销售统计数据是如何在 Tableau 中以柱形图的形式来展示的。

第六章　Tableau 数据可视化设计

Tableau 是一款定位于数据可视化的智能展现工具。可以用来实现交互、可视化的分析和仪表板应用，从而帮助企业快速地认识和理解数据，以应对不断变化的市场环境与挑战。要完成数据的可视化设计，除了需要认识数据以及数据的角色与类型外，还需要了解 Tableau 如何加工这些数据并用视图和仪表板来实现展示。

6.1　认识 Tableau 的数据

事实上，数据是现实世界的一个快照，会传递给人们大量的信息。一个数据点可以包含时间、地点、任务、事件、起因等因素。大数据时代的第一个转变是要分析与某事物相关的更多数据，甚至可以处理和某个特别现象相关的所有数据，而不只依赖于分析随机采样的少量的样本数据。当可视化数据的时候，其实是在将对现实世界的抽象表达可视化，或者是将它的一些细微方面可视化。可视化能帮助我们从一个个独立的数据点中解脱出来，换一个不同的角度去探索。数据和它所代表的事物之间的关联既是数据可视化的关键，也是全面分析数据的关键，同样还是深层次理解数据的关键。计算机可以把数字批量转换成不同的形状和颜色，但是我们必须建立起数据和现实世界的联系，以便从中得到有价值的信息。Tableau 就是数据可视化的分析工具，它可以帮助我们探索数据，发现传统统计分析中可能发现不了的信息。

作为数据分析工具，Tableau 将数据分为四个类别，即 String、Number、Boolean 和 Datetime。从源加载数据后，Tableau 会自动分配数据类型。同时，如果满足数据转换规则，也可以更改某些数据类型。此外，用户也可以指定计算字段的数据类型。本节主要介绍数据的角色(包含度量和维度、离散和连续)、字段类型、字段类型转换、Tableau 的基本可视化图表以及如何在 Tableau 中创建视图和仪表板等相关知识。

6.1.1　数据角色

Tableau 连接数据后会将数据显示在工作区左侧的数据窗口中。数据窗口的顶部是数据源窗口，显示连接到 Tableau 的数据源。Tableau 支持连接多个数据源。数据源窗口的下方分别为维度和度量窗口，分别用来显示导入的维度字段和度量字段(Tableau 将数据表中的一列变量称为字段)。维度和度量是 Tableau 的一种数据角色划分，离散和连续是数据的另一种划分方式。Tableau 功能区对于不同数据角色的操作处理方式是不同的，因此，了解 Tableau 数据角色是必要的。

1. 度量和维度

度量窗口显示的数据角色为度量，往往是数值字段。将其拖放到功能区时，Tableau 默认会进行聚合运算，视图区将产生相应的轴。维度窗口显示的数据角色为维度，往往是一些分类、时间方面的定性字段，将其拖放到功能区时 Tableau 不会对其进行计算，而是对视图区进行分区。维度的内容显示为各区的标题，比如想展示各省售电量当期值时"省市"字段就是维度，"当期值"为度量，"当期值"将依据各省市情况分别进行"总计"聚合运算。

Tableau 连接数据时会对各个字段进行评估，根据评估自动地将字段放入维度窗口或度量窗口。通常 Tableau 的这种分配是正确的，但是有时也会出错，比如数据源中有员工工号字段时工号由一串数字构成。连接数据源后 Tableau 会将其自动分配到度量中，这种情况下，可以把工号从度量窗口拖放至维度窗口中，以调整数据的角色。例如，将字段"当期值"转换为维度，只需将其拖放到维度窗口中即可。字段"当期值"前面的图标也会由绿色变为蓝色。

维度和度量字段有个明显的区别就是图标颜色，维度是蓝色，度量是绿色。实际上在 Tableau 作图时这种颜色的区别贯穿始终，当创建视图拖放字段到行功能区或列功能区时，依然会保持相应的两种颜色。

2. 离散和连续

离散和连续是另一种数据角色分类，在 Tableau 中蓝色是离散字段，绿色是连续字段。离散字段在行列功能区时总是在视图中显示为标题，而连续字段则在视图中显示为轴。当期值为离散类型时，每一个数字都是标题，字段颜色为蓝色。当期值为连续类型时，下方出现的是一条轴，轴上是连续刻度。离散和连续类型也可以相互转换，点击鼠标右键选择"字段"，在弹出框中就有"离散"和"连续"的选项，单击即可实现转换。

6.1.2 字段类型

数据源的所有字段在 Tableau 中都会被分配一个数据类型，Tableau 还会在各字段前加上一个特定的标识，用以直观提示该字段是哪一种数据类型。Tableau 中的数据类型主要有文本值、日期值、日期和时间值、数字值、布尔值、地理值六类，如表 6-1 所示。

表 6-1 数据类型表

图标	数 据 类 型	示 例
Abc	文本(字符串)值	气候、Spring、ABC
📅	日期值	2020-06-06
📅⏱	日期和时间值	2020-06-06 06:06:06
#	数字值	18、10%、12.68
T|F	布尔值(仅限关系数据源)	Ture、False
🌐	地理值(用于地图)	

6.2 认识 Tableau 的图表

数据可视化的最终目的在于用图表来表达数据，揭示数据背后的直观逻辑。Tableau 作为数据可视化的工具提供了比较完整的图表，包括条形图、折线图、饼图、交叉图、散点图、气泡图、项目符号图、盒形图、树图、凹凸图、甘特图、直方图、动态图表以及瀑布图等，下面分别就每种图形进行简要介绍。

6.2.1 Tableau 条形图

条形图中的矩形表示数据，条的长度与数据的值成正比。当将维度拖动到"行"格栏，测量拖到"列"格栏时，Tableau 会自动生成条形图，如图 6-1 所示。可以使用"Show Me(显示)"按钮中显示的条形图选项。如果数据不适合条形图，那么此选项将自动变灰。

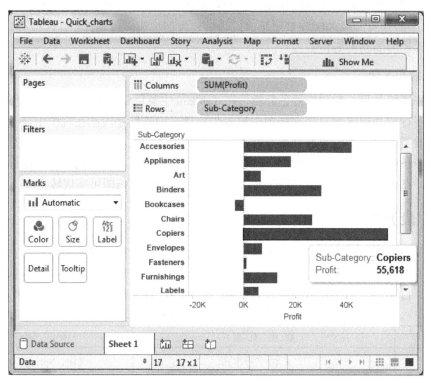

图 6-1　Tableau 条形图

6.2.2 Tableau 折线图

在折线图中，度量和维度是沿着图表区域的两个轴进行的。每个观察值的一对值成为一个点，所有这些点的连接创建一条线，显示所选维度和度量之间的变化或关系。在 Tableau 中选择一个维度和一个度量来创建一个简单的折线图，如图 6-2 所示。

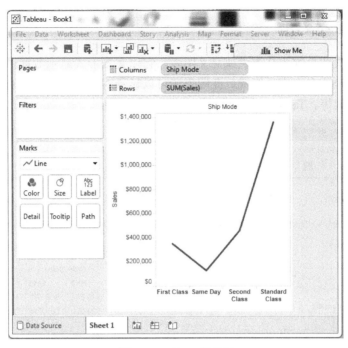

图 6-2　Tableau 折线图

6.2.3　Tableau 饼图

饼图将数据表示为具有不同大小和颜色的圆的切片。片被标记，并且对应于每个片的数字也在图表中表示。可以从"Marks"(标记)卡中选择饼图选项以创建饼图。在 Tableau 中选择一个维度和一个度量来创建一个简单的饼图，如图 6-3 所示。

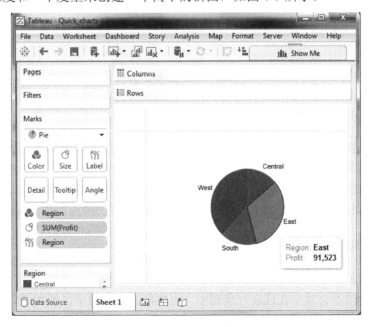

图 6-3　Tableau 饼图

6.2.4 Tableau 交叉图

表格中的交叉图也称为文本表或交叉图表，它以文本形式显示数据。交叉图表由一个或多个维度和一个或多个度量组成。此图表还可以显示对度量字段的值的各种计算，如运行总计、总百分比等。Tableau 中的交叉图如图 6-4 所示。

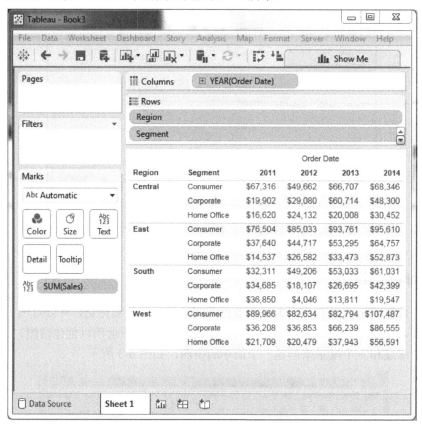

图 6-4   Tableau 交叉图

6.2.5 Tableau 散点图

顾名思义，散点图显示散布在笛卡尔平面中的许多点。它是通过在笛卡尔平面中将数值变量的值绘制为 X 和 Y 坐标而创建的。Tableau 在行栏中至少使用一个度量，在列栏中使用一个度量来创建散点图。同时，我们可以向散点图中添加维度字段，这对在散点图中已经存在的点标记不同颜色起到了一定的作用。Tableau 中的散点图如图 6-5 所示。

6.2.6 Tableau 气泡图

气泡图将数据显示为圆形群集。维度字段中的每个值表示一个圆，而度量值表示这些圆的大小。由于值不会显示在任何行或列中，因此我们将必填字段拖到"Marks"(标记)卡下的不同格栏上。Tableau 中的气泡图如图 6-6 所示。

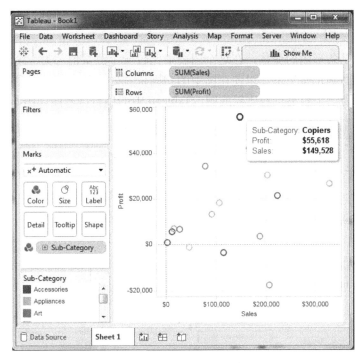

图 6-5　Tableau 散点图

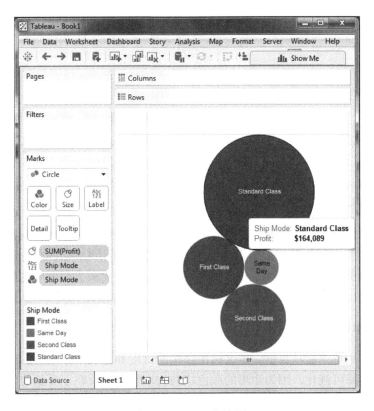

图 6-6　Tableau 气泡图

6.2.7 Tableau 项目符号图

项目符号图是条形图的变体，在这个图表中比较一个测量值与另一个测量值的关系。类似于在彼此之间确定两个条，以便在图中的相同位置处指示它们的各个值。也可以认为是将两个图组合为一个容易查看比较的图。Tableau 中的项目符号图如图 6-7 所示。

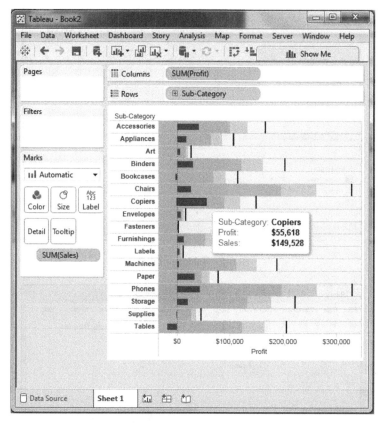

图 6-7　Tableau 项目符号图

6.2.8 Tableau 盒形图

盒形图也称为盒须图，显示沿轴的值的分布。框表示中间 50％的数据，即数据分布的中间两个四分位数。剩余 50％的数据在两侧由线构成以显示 1.5 倍四分位距离范围内的所有点，该范围是邻接框宽度的 1.5 倍内的所有点，或在数据最大范围内的所有点。盒形图采用一个或多个、零个或多个维度的度量。Tableau 中的盒形图如图 6-8 所示。

6.2.9 Tableau 树图

树图在嵌套矩形中显示数据。定义树图结构的维度和定义单个矩形的大小或颜色的度量相同。矩形容易可视化，因为矩形的颜色块的大小和阴影反映了度量的值。通常使用具有一个或两个度量的一个或多个维度创建树映射，如图 6-9 所示。

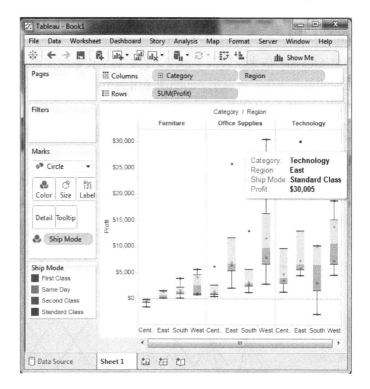

图 6-8 Tableau 盒形图

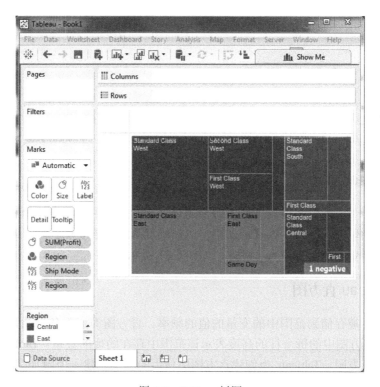

图 6-9 Tableau 树图

6.2.10 Tableau 凹凸图

凹凸图用于使用 Measure 值来比较两个维度。它们对于探索时间维度或空间维度或与分析相关的其他维度的值的变化非常有用。凹凸图采用两个维度，零个或多个度量来表达。Tableau 中凹凸图的表达如图 6-10 所示。

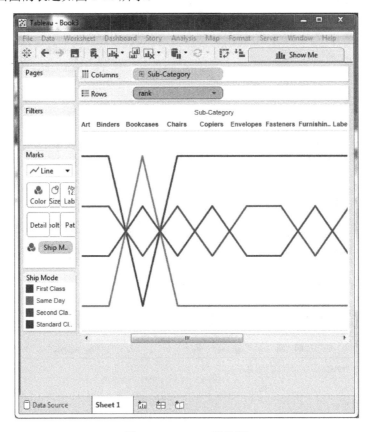

图 6-10　Tableau 凹凸图

6.2.11 Tableau 甘特图

甘特图显示了一段时间内任务或资源值的进度。它广泛用于项目管理和其他类型的变化在一段时间的研究。因此，在甘特图中，时间维度是一个重要域。除了时间维度之外，甘特图至少还需要一个维度和一个度量，如图 6-11 所示。

6.2.12 Tableau 直方图

直方图表示被存储到范围中的变量的值的频率。直方图类似于条形图，但它将值分组为连续范围。直方图中的每个柱的高度表示该范围中存在的值的数量。Tableau 通过采取一个度量来创建直方图。Tableau 为创建直方图中使用的度量创建一个附加字段。Tableau 直方图如图 6-12 所示。

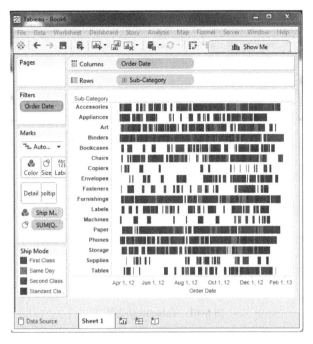

图 6-11　Tableau 甘特图

图 6-12　Tableau 直方图

6.2.13　Tableau 动态图表

动态图表使用 X 和 Y 轴显示数据，通过显示定义空间内数据点的移动以及线条颜色的变化来显示数据随时间的变化。动态图的主要优点是查看数据随时间变化的整个轨迹，而不仅仅是数据的快照。Tableau 用一个时间维度和一个度量来创建动态图表，如图 6-13 所示。

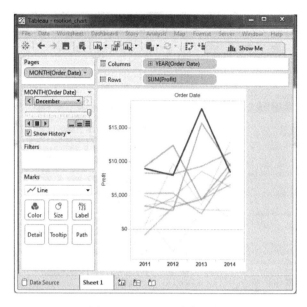

图 6-13　Tableau 动态图表

6.2.14　Tableau 瀑布图

瀑布图用来显示连续正值和负值的累积效应。它显示一个值的开始、结束和它是如何增加量值的。因此，我们能够看到连续数据点之间的变化大小和数值的差异。Tableau 用一个维度和一个度量来创建瀑布图，如图 6-14 所示。

图 6-14　Tableau 瀑布图

6.3　创 建 视 图

　　Tableau 对于视图的创建一般从数据源开始，当选择了合适的数据连接以及数据源类型并获取了数据之后，可以选择所需要聚合的维度并将其拖入列功能区与行功能区，同时选择相应的度量并拖入文本区，这样就初步完成了一个自定义视图的创建。通常所构建的视图传统上称为报告。Tableau 提供了轻松的拖放功能来构建视图。构建视图的步骤如下：

　　(1) 数据源连接。Tableau 可以连接到广泛使用的所有常用数据源。Tableau 的本机连接器可以连接到以下类型的数据源：

- 文件系统，如 CSV、Excel 等。
- 关系型数据库系统，如 Oracle、SQL Server、DB2 等。
- 云系统，如 Windows Azure、Google BigQuery 等。
- 其他源，如 ODBC 等。

　　图 6-15 显示了通过 Tableau 的本机数据连接器可用的大多数数据源。

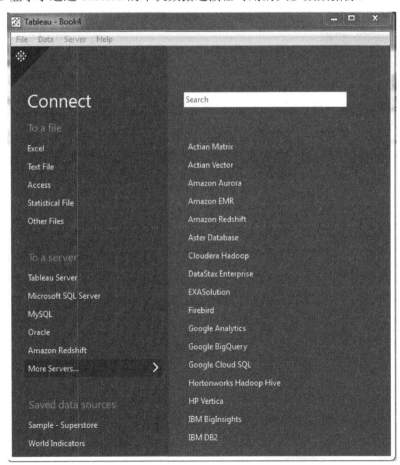

图 6-15　Tableau 可连接的数据源

这里以 Excel 文件作为数据源,该数据记录了西南商社 1～6 月份的大宗电器销售信息,如图 5-12 所示。

(2) 选择图 6-15 中的 "Connect to a file" 连接下方的 Excel 文件类型,在弹出窗口选择准备好的数据源文件-Tableausample.xlsx,打开后如图 6-16 所示。

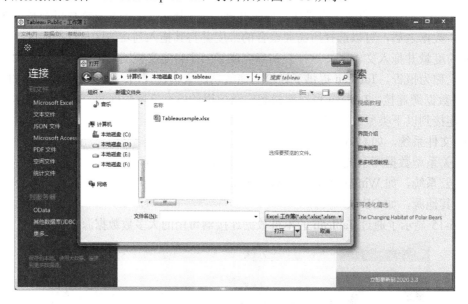

图 6-16　打开数据源文件

(3) 在打开数据源文件之后 Tableau 会自动导入数据,并自动建立 "工作簿 1",如图 6-17 所示。

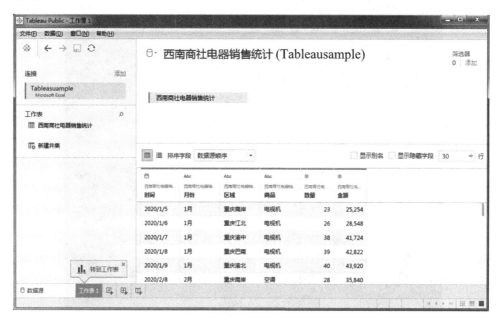

图 6-17　Tableau 导入的数据

(4) 选择 "工作簿 1",进入工作表 1 的分析界面,如图 6-18 所示。

图 6-18 工作簿 1 的分析界面

(5) 对导入的数据进行可视化分析，利用柱状图来显示不同月份各个电器总的销售数量，在列中拖入维度"月份"，在行中拖入度量"总和(数量)"，同时在标记中拖入商品，如图 6-19 所示。

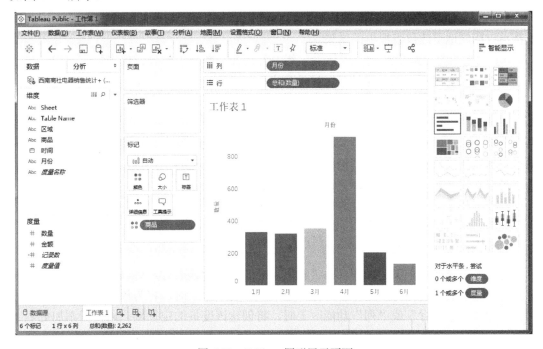

图 6-19 Tableau 图形展示页面

至此，一个简单的创建数据可视化的完整工作即告完成。当然这只是一个简单的实例，想要创建良好的仪表板或故事，还有许多步骤要完成。以下是创建有效仪表板时应该遵循的设计步骤与流程，如图 6-20 所示。

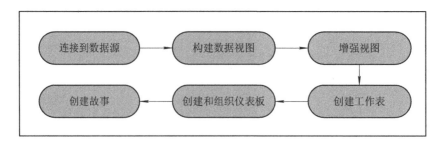

图 6-20 创建仪表板的设计流程

(1) 连接到数据源。Tableau 可以连接到所有常用的数据源。它具有内置的连接器，在提供连接参数后负责建立连接。无论是简单文本文件、关系源、NoSQL 源或云数据库，Tableau 几乎都能连接。

(2) 构建数据视图。连接到数据源后，将获得 Tableau 环境中可用的所有列和数据。可以将它们分为维度和度量，并创建所需的层次结构。使用这些构建的视图传统上称为报告。Tableau 提供了轻松的拖放功能来构建视图。

(3) 增强视图。之前创建的视图需要通过设置过滤器、聚合、轴标签、颜色和边框的格式等来进一步增强。

(4) 创建工作表。可以创建不同的工作表，以便对相同的数据或不同的数据创建不同的视图。

(5) 创建和组织仪表板。仪表板包含多个链接它的工作表。因此，任何工作表中的操作都可以相应地更改仪表板中的结果。

(6) 创建故事。故事是一个工作表，其中可包含一系列工作表或仪表板，它们一起工作以传达信息。用户可以创建故事以显示事实如何连接，或者提供上下文，演示决策如何与结果相关，这样就可以做出有说服力的案例。

Tableau 中的每个工作表都包含功能区和卡两部分，例如"列""行""标记""筛选器""页面""图例"等。通过将字段放在功能区或卡上，就可以构建可视化项的结构。通过包括或排除数据来提高详细级别以及控制视图中的标记数，还可以通过使用颜色、大小、形状、文本和详细信息对标记进行编码来为可视化项添加上下文，尝试将字段放置在不同功能区和卡上，以找到查看数据的最佳方式。

6.3.1 行、列功能区

"列"功能区用于创建表列，而"行"功能区用于创建表行。可以将任意数量的字段放置在这些功能区上。将维度置于"行"或"列"功能区上时，将为该维度的成员创建标题。将度量置于"行"或"列"功能区上时，将创建该度量的定量轴。向视图添加更多字段时，表中会包含更多标题和轴，用户对数据的了解就会更加详细。

在下面显示的视图中，"月份"维度的成员将显示为列标题，而"总和(数量)"度量将显示为垂直轴，如图 6-21 所示。

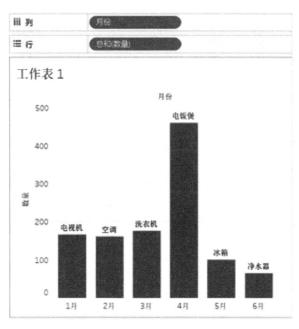

图 6-21　Tableau 行列功能区

6.3.2　"标记"卡

　　"标记"卡是 Tableau 视觉分析的关键元素。将字段拖到"标记"卡中的不同属性时，用户可以将上下文和详细信息添加至视图中的标记处。使用"标记"卡设置标记类型，并使用颜色、大小、形状、文本和详细信息对数据进行编码，如图 6-22 所示。

图 6-22　Tableau "标记"卡

6.3.3　筛选器

　　使用"筛选器"功能区可以指定要包含和排除的数据。例如，用户可能希望对每个产品分区的销售额进行分析，但希望只限于特定的时间，通过将字段放在"筛选器"功能区上，即可创建这样的视图。可以使用度量、维度或同时使用这两者来筛选数据。此外，还可以根据构成表列和表行的字段来筛选数据，这称为内部筛选。也可以使用不属于表的标题或轴的字段来筛选数据，这称为外部筛选。所有经过筛选的字段都显示在"筛选器"功能区上。如图 6-23 所示。

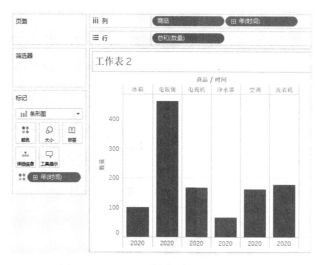

图 6-23　Tableau 增加了筛选字段的效果

6.3.4　页面

使用"页面"功能区可以将视图划分为一系列页面，使用户可以更好地分析特定字段对视图中其他数据的影响。将某个维度放置到"页面"功能区上时，将为该维度的每个成员添加一个新行。将某个度量放置到"页面"功能区上时，Tableau 会自动将该度量转换为离散度量。"页面"功能区会创建一组页面，每个页面上都有不同的视图。每个视图都基于用户放置在"页面"功能区上的字段。使用将字段移到"页面"功能区时添加到视图中的控件，用户可以轻松地翻阅视图并在一个公共轴上比较它们。例如图 6-24 所示页面视图是按"Region"(区域)显示整个月中每一天的"Profit"(利润)与"Sales"(销售额)的。其中下拉图显示第 1、2、3 和 4 天的数据。用户必须滚动才能查看这个月中的其他各天相关数据。

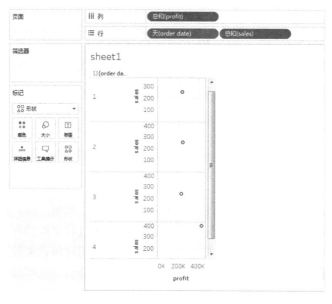

图 6-24　页面视图

为了使该视图更方便查看，可将"DAY(Order Date)"移到"页面"功能区，并使用关联的控件翻阅页面(一天一个页面)，可以快速发现隐藏的细节。在此示例中，显示每个地区的销售额，如图 6-25 所示。

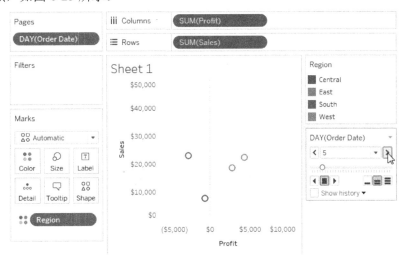

图 6-25　Tableau 设置的页面视图

6.3.5　智能显示

一般情况下，在视图中有多个度量时使用智能显示。当用户单击工具栏上的"show me(智能显示)"选择某些可视化类型时，Tableau 将自动添加"Measure Name(度量名称)"和"Measure Values(度量值)"(或只添加"度量名称")，如图 6-26 所示。

图 6-26　Tableau 智能显示设置

当然，此视图仅仅适合于对数据进行快速调查，因为用户无法通过比较度量不是同一内容的数字来生成大量细节。

6.3.6 度量名称与度量值

"数据"窗格包含一些不是来自原始数据的字段，"度量值"和"度量名称"就是其中两个。Tableau 会自动创建这些字段，这样就可以构建涉及多个度量的特定视图类型。"度量值"字段包含数据中的所有度量，这些度量被收集到具有连续值的单个字段中。从"度量值"卡中拖出个别度量字段，从视图中将其删除。"度量名称"字段包含数据中所有度量的名称，这些度量收集到具有离散值的单个字段中。

6.4 创建仪表板

仪表板是若干视图的集合，让用户能同时比较各种数据。举例来说，如果有一组每天审阅的数据，用户就可以创建一个一次性显示所有视图的仪表板。像工作表一样，用户可以通过工作簿底部的标签访问仪表板。工作表和仪表板中的数据是相连的，在修改工作表时，包含该工作表的任何仪表板也会更改，反之亦然。工作表和仪表板都会随着数据源中的最新可用数据一起更新。

在 Tableau 中创建仪表板的步骤如下：

(1) 在工作簿的底部，单击"新建仪表板"图标 Table Map 🖳 🎛 。

(2) 从左侧的"Sheets(工作表)"列表中，将视图拖到右侧的仪表板，如图 6-27 所示。

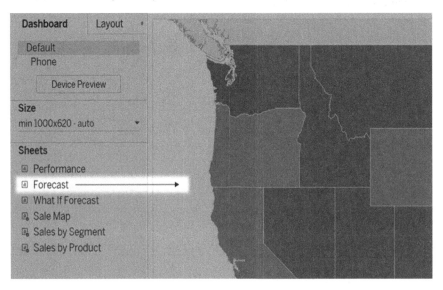

图 6-27　创建仪表板

除了工作表外，用户还可以添加用于增加视觉吸引力和交互性的仪表板对象。下面是有关每种类型对象的详细说明。

① 水平和垂直对象提供布局容器，这些容器使您能将相关对象分组在一起，并微调用户与对象交互时调整仪表板大小的方式。

② 文本对象可提供标题、说明和其他信息。

③ 图像对象可提供添加到仪表板的视觉风格，也可以将它们链接到特定目标的 URL 上。

④ 网页对象在仪表板的上下文中显示目标页面。要确保查看这些 Web 安全性选项，并且要注意某些网页不允许嵌入自身，Google 就是这样。

⑤ 空白对象可帮助您调整仪表板之间的间距。

⑥ 导航对象可让您的受众从一个仪表板导航到另一个仪表板，或者导航到其他工作表或故事。可以显示文本或图像，以向用户指示按钮的目标，指定自定义边框和背景颜色，并提供工具提示信息。

⑦ 导出对象可让您的受众快速创建仪表板的 PDF 文件、PowerPoint 幻灯片或 PNG 图像。格式设置选项与导航对象类似。

6.5 保存工作成果

Tableau 提供的导出对象有几个独特的选项，可帮助用户直观地指明导航目标或文件格式。如果需要保存工作成果，一般来说有如下步骤：

(1) 在对象的上角，单击对象菜单，并选择"编辑按钮"，如图 6-28 所示。

图 6-28 Tableau 导出编辑按钮

(2) 执行以下操作之一：

① 从"导航到"菜单中选择当前仪表板外部的一个工作表。

② 从"导出到"菜单中选择文件格式。

③ 为"按钮样式"中选择图像或文本，指定要显示的图像或文本，然后设置相关格式设置选项。

④ 对于"工具提示文本"，添加在查看者将鼠标光标悬停在按钮上时出现的说明性文本。此文本是可选的，通常与图像按钮一起使用。(例如，可以输入"打开销售额可视化项"来阐明显示为一个微型销售额图表的导航按钮的目标)。

本 章 小 结

本章从数据的概念入手，介绍 Tableau 如何对数据的可视化进行设计。在数据的概念中重点介绍了数据的角色、数据表达的字段类型以及 Tableau 的常用图表。在数据的可视化设计部分重点介绍了在 Tableau 中如何快速创建视图以及创建视图所要操作的 Tableau 功能元素与如何创建仪表板和对自己的工作成果分对象进行保存。

第七章　电影影评数据可视化实践项目

本项目主要利用 Java EE 相关知识，通过 jQuery 知识解析 JSON 格式的数据文件，实现电影影评数据的可视化展现。

7.1　项　目　概　述

现在互联网遍布世界各地，很多新电影也不断涌现出来。对于一部电影质量高低的鉴别有各种方式与途径，国内也出现了专门针对此问题的电影评分平台。根据某影评网站的设计，就连官方也没有修改评分的权限，理论上大家看到的评分都是每一位网友一个一个打出来的，都是观众真实观影体验的体现。而且习惯在该影评网站打分的观众往往观影储备量相对较高，对影片也相对更挑剔，他们一般打出的分数都相对比较客观公正，因此该平台的评分具有较为真实的参考价值。

7.2　项　目　分　析

本实践项目通过可视化工具 Echarts 来对六部电影根据五种不同的因素(维度)在某影评网站对电影进行评分，其数据特征如下：

特征名称	特征解释	数据类型	特征说明
list.name	特征因素	String	非空值
list.value	不同电影的评分	数组	非空值
list2.name	电影名称	String	非空值
list2.max	评分最高分	int	非空值

用雷达图进行直观展示，可使人们快速综合了解哪部电影的质量较高。通过该实验具体要达到的目标就是掌握雷达图的绘制方法。

7.3　项　目　实　施

要实施该需求可视化数据展现，首先应创建一个 Java Dynamic Web Project，然后准备好 ECharts、jQuery 等相关的 js 文件和影评数据文件，再创建可视化页面文件，读取影评数据，利用 ECharts 工具进行可视化展示。

7.3.1 创建项目

打开 EClipse 开发工具，点击"File"→"New"→"Dynamic Web Project"，然后创建一个动态 Web 项目。项目名称为"Movie"，如图 7-1 所示。

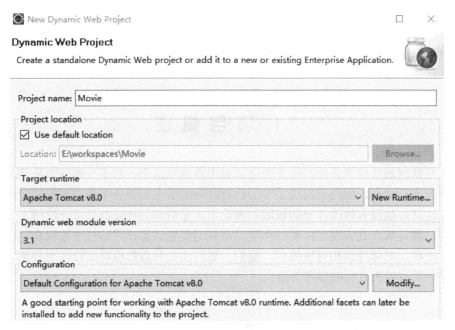

图 7-1　创建项目

展开项目"Movie"，其中包括的内容有 Java Resources、Web Content 等，如图 7-2 所示。

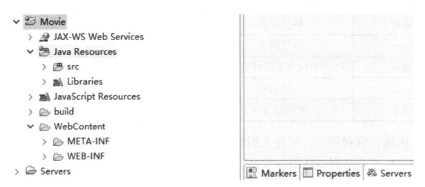

图 7-2　项目结构

7.3.2 准备资源

(1) 在 Movie 项目 WebContent 目录下创建 js 文件夹，将 echarts.min.js 和两个文件拷贝到此目录下。

(2) 准备数据文件，将影评数据整理成 json 格式文件，内容格式如下：

```
{
  "list":[
    {
      "value" : [9.5, 6.8, 9.4, 9.3, 7.0, 9.3],
      "name" : "人物角色"
    },
    {
      "value" : [9.6, 7.3, 9.5, 8.4, 9.3, 9.2],
      "name" : "悬念"
    },
    {
      "value" : [9.7, 7.0, 9.6, 9.5, 9.4, 9.3],
      "name" : "情绪"
    },
    {
      "value" : [9.7, 8.0, 9.6, 9.5, 9.4, 9.3],
      "name" : "剧情"
    },
    {
      "value" : [8.5, 8.6, 7.9, 8.0, 8.6, 9.3],
      "name" : "总体"
    }

  ],
  "list2":[
    { "name": "肖申克的救赎", "max": 10},
    { "name": "霸王别姬", "max": 10},
    { "name": "这个杀手不太冷", "max": 10},
    { "name": "阿甘正传", "max": 10},
    { "name": "美丽人生", "max": 10},
    { "name": "头脑特工队", "max": 10}
  ]
}
```

此数据文件的文件名为 leida.json，并将此文件拷贝到 WebContent 目录下的 data 子文件夹中。

(3) 在 WebContent 目录下创建 movie.html 静态文件，以便进行数据可视化展示。

至此，最终的项目文件目录结构如图 7-3 所示。

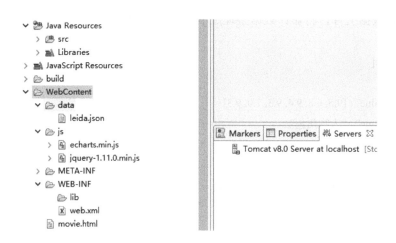

图 7-3　最终的项目文件结构

7.3.3　数据加载

编辑 movie.html 文件，在其<head></head>标签之间添加引入 echarts.min.js 和 jquery-1.11.0.min.js 文件的代码：

```
<script src="js/echarts.min.js"></script>
<script type="text/javascript" src="js/jquery-1.11.0.min.js"></script>
```

在<body></body>标签中定义<div>容器标签，代码如下：

```
<div id="main" style="width: 100%; height: 610px; "></div>
```

然后在<body></body>标签中定义 JavaScript 代码块，以完成雷达图的设置。设置的内容包括初始化 ECharts 对象和设置 option 选项。

(1) 初始化 ECharts 对象，具体代码如下：

```
var myChart = echarts.init(document.getElementById('main'));
```

(2) 设置 option 选项，其中 title 是标题组件，lengend 是图例组件，展现了不同系列的标记(symbol)、颜色和名字。可以通过点击图例控制哪些系列不显示。radar 是雷达图坐标系组件，只适用于雷达图；indicator 是雷达图的指示器，用来指定雷达图中的多个变量(维度)；series 表示系列列表，每个系列通过 type 决定自己的图表类型。

数据加载的内容主要包括：电影的评分，人物角色、剧情等的评分。详细代码如下：

```
<script>
    var option={
        title: {
                text: '某网站评分雷达图'
        },
        legend: {
            data: ['人物角色', '悬念','情绪','剧情','总体']
        },
        radar: {
```

```
                    name: {
                            textStyle: {
                                    color: '#fff',
                                    backgroundColor: '#999',
                                    borderRadius: 3,
                                    padding: [3, 5]
                            }
                    },
                    indicator: []
            },
        series: [{
                    name: '各要素评分',
                    type: 'radar',
                    data : []
            }]
    };
    $.ajax({
        type:'get',
        url:'data/leida.json',
        dataType:"json",
        success:function(result){
                myChart.setOption({
                        radar: {
                                indicator: result.list2
                        },
                        series: [{
                                data:result.list
                        }]
                });
        },
    error: function (errorMsg) {
        //请求失败时执行该函数
        alert("图表请求数据失败!");
        myChart.hideLoading();
    }
    });

    myChart.setOption(option);
</script>
```

至此，项目可视化的代码编写完毕。

7.3.4 发布项目

在 EClipse 中发布 Web 项目需要预先配置 Web 服务器，在此以配置 Apache Tomcat Server 服务器为例介绍配置和发布 Web 项目的过程。

(1) 选择 EClipse 的菜单"Window"→"Show View"→"Servers"，显示出"Servers"标签页面，如图 7-4 所示。

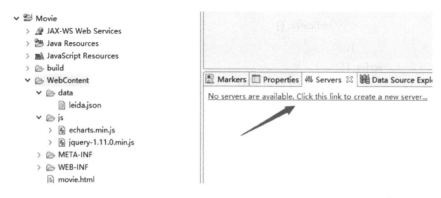

图 7-4　配置 Web 服务器界面

(2) 在 Web 服务器界面点击"No Servers are available.Click this link to create a new server…"，进入定义一个新服务器界面，如图 7-5 所示。

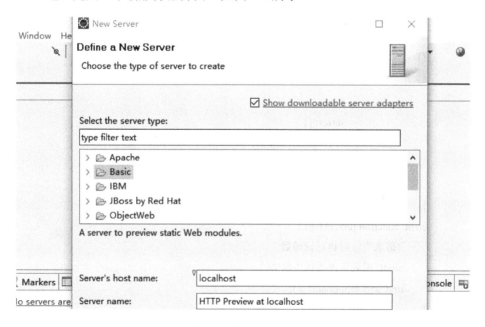

图 7-5　定义新服务器

(3) 由于开发机上预先安装的是 Apache Tomcat v8.0 Server，因此应先展开 Apache 文件夹，再选择 Tomcat v8.0 Server，如图 7-6 所示。

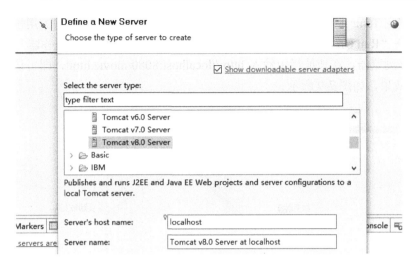

图 7-6　配置 Tomcat v8.0 Server

　　(4) 点击"Next"按钮，进入 Tomcat v8.0 Server 的安装路径设置界面，并在"Tomcat installation directory"设置项中指定 Tomcat v8.0 Server 的安装路径，同时设置 JRE，如图 7-7 所示。

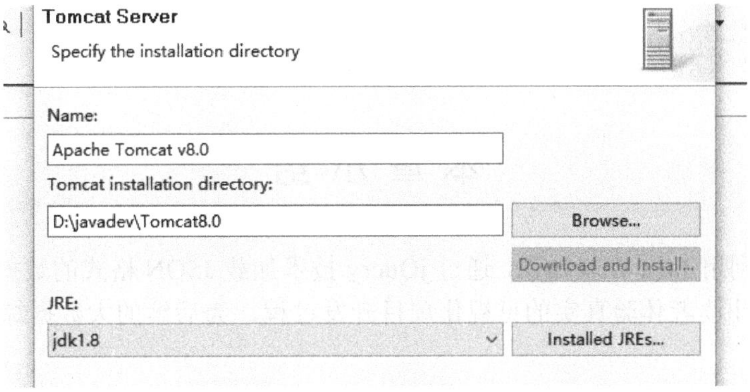

图 7-7　Tomcat 安装路径的设置

　　(5) 点击"Next"按钮，进入项目发布配置界面，将界面左边可用的项目"movie"添加到右边。至此，点击"Finish"按钮完成项目的发布，如图 7-8 所示。

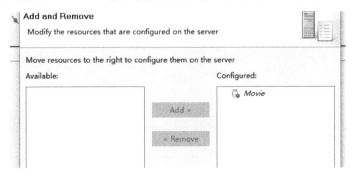

图 7-8　项目发布配置界面

(6) 配置完 Tomcat 服务器后，若要运行项目，则选中"movie"项目，用鼠标右键单击"Run As"→"Run On Server"，按照操作向导操作即可启动 Tomcat 服务器。

(7) 打开浏览器，在地址栏中输入 http://localhost:8080/movie.html，即可访问到影评数据的可视化效果，如图 7-9 所示。

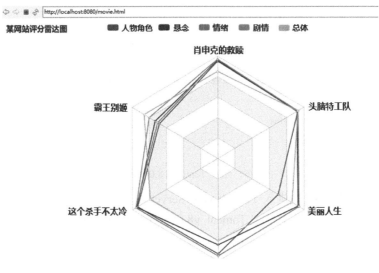

图 7-9　影评数据可视化效果

本 章 小 结

本章主要利用 Java Web 知识，通过 jQuery 技术加载 JSON 格式的数据，实现影评数据的可视化，让读者体验真实的可视化项目开发过程，为后续的大数据综合实践项目奠定基础。

第八章 电商大数据分析与
可视化实践项目

本项目通过 Hadoop 生态体系技术实现电商流量日志分析，帮助读者在项目开发中掌握大数据体系架构的开发流程，以及利用现有技术解决实际生活中遇到的问题。本章的核心任务是使读者在掌握网站流量日志数据分析系统的业务流程的前提下，具备独立分析日志数据的能力，并能利用 MapReduce 技术从数据中提取出易于分析的数据结构，然后利用 Hive 完成数据分析，最后利用 Java Web 结合 ECharts 组件完成数据的可视化。

8.1 项 目 概 述

大数据处理的流程一般为数据采集、数据预处理、数据存储、数据分析、数据可视化。数据采集的方式有多种，比如利用网络爬虫进行数据爬取，利用 Flume 工具采集系统日志，利用 Sqoop 工具从传统关系数据库中迁移数据等。数据预处理的过程主要是数据清洗、数据格式化处理等操作，采用的技术包括用 Excel、Kettle、Tableau 等工具。采用 Hadoop 的 MapReuse 离线计算框架进行编程处理也是一种常见的数据处理方式。对应大数据存储平台，目前主流的还是 Hadoop。利用 Hive 数据仓库工具，并结合 HQL 语句进行数据分析是进行数据分析处理常用的思路。对应数据可视化的方法和工具比较多，本项目将结合广泛使用的 ECharts 工具进行数据可视化。

8.1.1 项目背景介绍

近年来，随着社会的不断发展，人们对于海量数据的挖掘和运用越来越重视，互联网是面向全社会公众进行信息交流的平台，已成为收集信息的最佳渠道并逐步进入传统的流通领域。同时，伴随着大数据技术的创新和应用，进一步为人们进行大数据统计分析提供了便利。

大数据信息的统计分析可以为企业决策者提供充实的依据。例如通过对电商平台日志数据的统计分析，可以得出平台的浏览次数、收藏次数、加入购物车次数、购买次数等统计信息。再结合 ECharts 可视化技术，可实现数据的可视化展示，为经营决策者提供决策支撑服务。

本章将用到 Java Web、Hadoop、Hive、ECharts 等相关知识。

8.1.2　系统架构设计

在大数据开发中，通常的首要任务是明确分析目的，即想从大量数据中得到什么类型的结果，并进行展示说明。只有在明确了分析目的后，开发人员才能准确地根据具体需求过滤数据，并通过大数据技术进行数据分析和处理，最终将处理结果以图表等可视化形式展示出来。

为了让读者更清晰地了解本章所涉及的大数据分析与处理及可视化的流程与架构，下面通过一张图来描述传统大数据统计分析的架构，如图 8-1 所示。

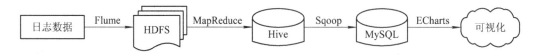

图 8-1　电商数据分析系统框架图

从图 8-1 可以看出，电商数据分析系统的整体技术流程如下：

(1) 利用 Flume 日志采集工具将日志信息从文件系统中采集到 Hadoop HDFS 中；

(2) 开发人员根据原始日志文件及规定数据格式定制开发 MapReduce 程序进行数据预处理；

(3) 通过 Hive 进行重要数据分析；

(4) 将分析结果通过 Sqoop 工具导出到关系数据库 MySQL 中；

(5) 通过 ECharts 组件并利用 Java Web 实现数据的可视化展现。

8.1.3　系统预览

各个城市的浏览量、收藏量、加入购物车量、购买量对电商平台而言是重要的指标，开发人员将一定时间内的数据指标形成如图 8-2 所示的样图，这将给管理决策者提供重要的决策参考依据。

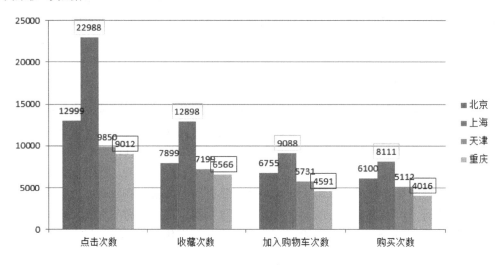

图 8-2　一定周期内电商数据统计图

8.2　模块开发——数据采集

数据采集(DAQ)又称数据获取，是指从传感器和其它待测设备等模拟被测单元和数字被测单元中自动采集信息的过程。采集方法包括利用 ETL 进行离线采集；利用 Flume/Kafka 进行实时采集；利用网络爬虫 Crawler 进行互联网采集等。

数据的采集是挖掘数据价值的第一步，当数据量越来越大时，可提取出来的有用数据必然也就更多。只要善用数据处理平台，便能够保证数据分析结果的有效性，助力企业实现数据驱动。

8.2.1　使用 Flume 搭建日志采集系统

Flume 原是 Cloudera 公司提供的一个高可用性、高可靠性、分布式海量日志采集、聚合和传输系统，而后纳入到 Apache 旗下，成为一个顶级开源项目。Apache Flume 不仅只限于日志数据的采集，由于 Flume 采集的数据源是可定制的，因此 Flume 还可用于传输大量事件数据，包括但不限于网络流量数据、电子邮件消息以及几乎任何可能的数据源。

本项目的需求是利用 Flume 将 Linux 指定目录的电商日志文件信息采集到 HDFS 文件系统中，具体的配置如下：

```
a1.sources=r1
a1.sources.r1.type=TAILDIR
a1.sources.r1.channels=c1
a1.sources.r1.positionFile=/var/log/biz_info.json
a1.sources.r1.filegroups=f1 f2
a1.sources.r1.filegroups.f1=/var/log/test1/example.log
a1.sources.r1.filegroups.f2=/var/log/test2/.*.log.*
```

上述代码为核心参数的配置，选择 Taildir 类型的 Flume source，它可以监控一个目录下的多个文件新增和内容追加活动，实现了实时读取记录的功能，并且可以使用正则表达式匹配该目录中的文件名以进行实时采集。Filegroups 参数可以配置多个，数字空间以空格分隔，表示 TAILDIR Source 同时监控了多个目录的文件；positionFile 配置检查点文件的路径，检查点文件会以 json 格式保存已跟踪文件的位置，从而解决断点不能续传的缺陷。

需要说明的是，上述核心参数的配置是以实例的方式展示了进行 log 日志数据采集的 Flume Source 的配置，而完整的日志采集方案(conf)文件还需要根据收集目的地(此案例的数据是收集到 HDFS 文件系统中)，编写包含 Flume source、Flume channel 和 Flume sink 的完整采集方案(conf)文件。

8.2.2　电商日志信息说明

根据前面介绍的系统架构和流程，通过 Flume 采集系统采集后的电商日志数据将会汇总到 HDFS 上进行保存，保存后的数据格式如下：

user_id,item_id,behavior_type,item_category,time,city

10001082 298397524 1 10894   2018-12-12 广州

上述采集到的是基本数据，其中各项含义如下：

user_id：代表用户编号；

item_id：代表商品编号；

behavior_type：代表用户行为类型，包括浏览、收藏、加购物车、购买，对应值分别为 1,2,3,4;

item_category：代表商品类别；

time：代表用户操作的时间；

city：代表用户操作的所在地。

8.3 模块开发——数据预处理

现实世界中的数据大体上都是不完整，不一致的脏数据，无法直接进行数据挖掘，或挖掘结果差强人意。为了提高数据挖掘的质量产生了数据预处理技术。数据预处理(Data Preprocessing)是针对数据在主要的处理之前进行的一些预先处理，如审核、筛选、排序等处理。

数据预处理有多种方法，如：数据清理，数据集成，数据变换，数据归约等。这些数据处理技术在数据挖掘之前使用，大大提高了数据挖掘模式的质量，降低了实际数据挖掘所需要的时间。

数据的预处理可以利用 Kettle、Excel 等工具，也可以利用 MapReduce 等框架进行编程处理。

8.3.1 分析预处理的数据

在收集的日志文件中，通常情况下不能直接对日志数据进行分析，一方面可能日志文件中存在一些不合法的数据，另一方面也可能为了数据分析需要添加一些新的维度信息。如以下两条数据：

10001082 275221686   1   2018-12-08   深圳

10001082 275221686   四 10576 2018-12-17   上海

第一条数据缺商品类别信息，第二条数据的用户行为类型不对。因此对这些数据需要进行预处理，数据预处理的流程如图 8-3 所示。

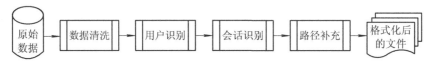

图 8-3 数据预处理流程

数据预处理阶段主要是过滤不合法的数据，清洗出无意义的数据信息，并且将原始日志中的数据格式转换成利于后续数据分析时规范的格式，根据统计需求，筛选出不同主题的数据。

在数据预处理阶段,主要目的就是对收集的原始数据进行清洗和筛选,因此利用 MapReduce 技术就可以轻松实现。在实际开发中,数据预处理过程通常不会直接将不合法的数据直接删除,而是对每条数据添加标识字段,从而避免其他业务使用时丢失数据。比如第一条数据尽管缺少商品类别信息,在处理时一般不采用删除该条数据的办法,通常的做法是补充缺失的值。

8.3.2 实现数据的预处理

要实现对电商日志数据的预处理需要用到 Hadoop 的 MapReduce 离线计算技术,其作用是将数据进行规范化处理,如将大写的"四"调整为"4",商品类别为空的数据给它添加一个标识,比如 0。因此在编写 MapReduce 程序时只需要涉及 Map 阶段,不需要涉及 Reduce 阶段。因此在 Driver 的主方法中需要设置 job.setNumReduceTasks(0)。

1. 创建 Maven 项目并添加相关依赖

首先,使用项目开发工具(如 Eclipse)创建一个 Maven 项目,打包方式选择 jar,如图 8-4 所示。

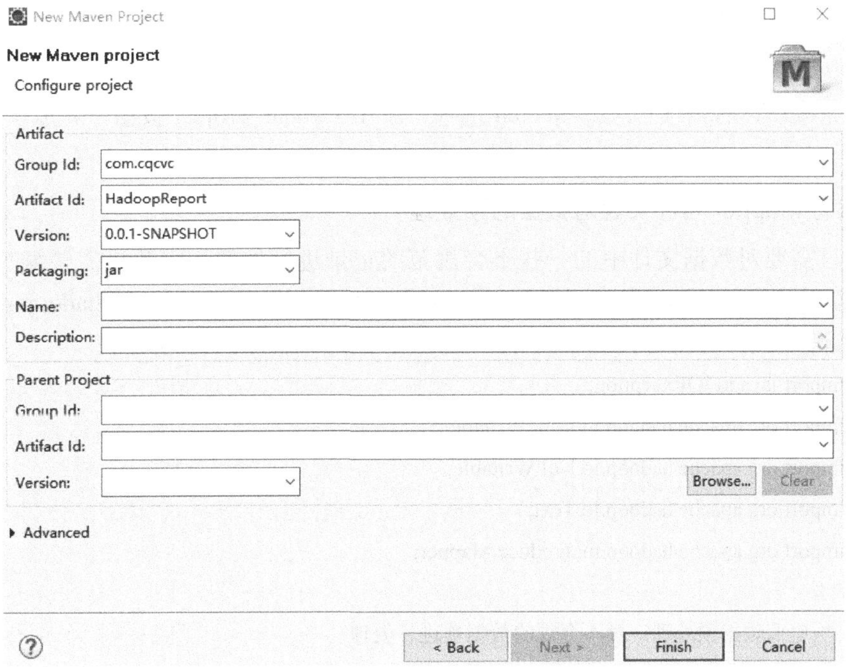

图 8-4 创建 Maven 项目

然后打开 pom.xml 文件添加编写 MapReduce 程序所需要的 jar 包以及相关插件,主要添加与 Hadoop 相关的依赖。pom.xml 的核心内容如下:

```
<!-- Hadoop 相关的依赖包 -->
<dependency>
    <groupId>org.apache.hadoop</groupId>
```

```
            <artifactId>hadoop-common</artifactId>
            <version>2.7.3</version>
    </dependency>
    <dependency>
            <groupId>org.apache.hadoop</groupId>
            <artifactId>hadoop-hdfs</artifactId>
            <version>2.7.3</version>
    </dependency>
    <dependency>
            <groupId>org.apache.hadoop</groupId>
            <artifactId>hadoop-client</artifactId>
            <version>2.7.3</version>
    </dependency>
    <dependency>
            <groupId>org.apache.hadoop</groupId>
            <artifactId>hadoop-mapreduce-client-core</artifactId>
            <version>2.7.3</version>
    </dependency>
```

配置完成后，右击项目选择 Maven 选项，单击 Update Project 按钮，完成项目工程的创建。

2. 编写 Mapper 程序实现对数据的预处理

由于只需要对数据文件中的一些不合规范的记录进行处理，因此只需要编写 Mapper 程序，不需要编写 Reducer 程序。编写 Mapper 程序时需要继承 org.apache.hadoop.mapreduce 包下的 Mapper 类，并重写其 map 方法。自定义 Mapper 程序的代码如下：

```
import java.io.IOException;
import org.apache.hadoop.io.LongWritable;
import org.apache.hadoop.io.NullWritable;
import org.apache.hadoop.io.Text;
import org.apache.hadoop.mapreduce.Mapper;
/**
 * 电商数据预处理：对不合规的数据项进行处理
 */
public class SaleMapper extends Mapper<LongWritable, Text, Text, NullWritable> {
    Text k=new Text();
    @Override
    protected void map(LongWritable key, Text value, Mapper<LongWritable, Text, Text,
NullWritable>.Context context)
            throws IOException, InterruptedException {
```

```
        String line=value.toString();
        String[] flds=line.split("\t");
        if("".equals(flds[3])){
            flds[3]= "0";
        }
        if("一".equals(flds[2])){
            flds[2]= "1";
        }
        if("二".equals(flds[2])){
            flds[2]= "2";
        }
        if("三".equals(flds[2])){
            flds[2]= "3";
        }
        if( "四" .equals(flds[2])){
            flds[2]= "4";
        }
        String outStr=flds[0]+ ","+flds[1]+ ","+flds[2]+ ","+flds[3]+ ","+flds[4]+ ","+flds[5];
        k.set(outStr);
        context.write(k, NullWritable.get());
    }
}
```

3. 编写 Driver 程序

具体代码如下：

```
import org.apache.hadoop.conf.Configuration;
import org.apache.hadoop.fs.Path;
import org.apache.hadoop.io.NullWritable;
import org.apache.hadoop.io.Text;
import org.apache.hadoop.mapreduce.Job;
import org.apache.hadoop.mapreduce.lib.input.FileInputFormat;
import org.apache.hadoop.mapreduce.lib.output.FileOutputFormat;

public class SaleDriver {
    public static void main(String[] args) throws Exception {
        // 1. 获取 job 对象
        Configuration conf = new Configuration();
        conf.set("fs.defaultFS", "hdfs://master:9000");
        System.setProperty("HADOOP_USER_NAME", "root");
```

```
Job job = Job.getInstance(conf);
// 2. 设置 Jar 存放路径，利用反射找到路径
job.setJarByClass(SaleDriver.class);
// 3. 设置 mapper 类
job.setMapperClass(SaleMapper.class);
// 4. 设置 mapper 输出的 key 和 value 的数据类型
job.setMapOutputKeyClass(Text.class);
job.setMapOutputValueClass(NullWritable.class);
// 5. 设置输入和输出路径
FileInputFormat.setInputPaths(job, new Path("/data.log"));
FileOutputFormat.setOutputPath(job, new Path("/output"));
// 6. 提交 job
System.exit(job.waitForCompletion(true) ? 0 : 1);
    }
}
```

然后执行 SaleDriver 程序，在相应的 output 目录中查看 part-m-00000 结果文件，如图 8-5 所示。

```
1   10001082,110790001,1,13230,2018-12-14,广州
2   10001082,115464321,1,6000,2018-12-10,上海
3   10001082,115464321,1,6000,2018-12-10,北京
4   10001082,115464321,1,6000,2018-12-10,深圳
5   10001082,117708332,1,5176,2018-12-08,上海
6   10001082,117708332,1,5176,2018-12-08,上海
7   10001082,117708332,1,5176,2018-12-08,广州
8   10001082,117708332,1,5176,2018-12-08,深圳
9   10001082,120438507,1,6669,2018-12-02,上海
10  10001082,120438507,1,6669,2018-12-02,广州
```

图 8-5 预处理后的结果

数据预处理是根据业务需求，生成符合业务逻辑的结果文件，因此不存在标准的程序代码，读者可以根据自身需求去拓展 MapReduce 程序以解决实际的业务问题。

8.4 模块开发——数据仓库开发

数据仓库是一个面向主题的、集成的、随时间不断变化的，但信息本身相对稳定的数据集合，它用于支持企业或组织的决策分析处理。这里对数据仓库的定义，指出了数据仓库的四个特点：面向主题、集成的、随时间不断变化(反应历史数据的变化)、相对稳定。数据仓库的结构是由数据源、数据存储及管理、OLAP 服务器和前端工具四个部分组成。

数据预处理后，一般需要将经过预处理的数据加载到数据仓库中进行存储和分析。在 Hadoop 大数据生态体系中常用 Hive 作为数据仓库工具，原因是 Hive 数据仓库的存储是以 Hadoop 的 HDFS 为基础的，同时 Hive 提供了便于进行数据分析的 HQL。

8.4.1　设计数据仓库

针对电商日志数据，可以将数据仓库设计为星状模式，在 Hive 数据仓库中设计一张 action_external_hive 外部表来存储由 MapReduce 清洗之后的数据，表结构如下：

编号	字段名	类　　型	描　　　述
1	user_id	int	用户编号
2	item_id	int	商品编号
3	behavior_type	int	行为编号
4	type	int	商品类别 ID
5	time	string	操作日期
6	city	string	用户所在的城市

8.4.2　实现数据仓库

ETL(Extract-Transform-Load)是将业务系统的数据经过抽取、清洗转换之后加载到数据仓库维度建模后的表中的过程，目的是将企业中分散、凌乱、标准不统一的数据整合到一起，为企业的决策提供分析依据。

本项目的目的是将 MapReduce 进行预处理后的数据加载到 Hive 数据仓库中，利用 Hive 提供的数据分析功能进行数据分析，具体步骤如下：

1. 创建数据仓库

启动 Hadoop 集群后，在主节点 master 服务器上启动 Hive 服务端，然后在任意一台从节点使用 beeline 远程连接至 Hive 服务端，创建名为 bizdw 的数据仓库，命令如下：

create database bizdw;

2. 创建外部表

创建成功后，通过 use 命名使用 bizdw 数据仓库，并创建 action_external_hive 外部表，数据源指向 HDFS 目录上已预处理完的数据，命令如下：

use bizdw;

create external table action_external_hive(user_id int,item_id int,behavior_type int,item_category int,time string,city string)ROW FORMAT DELIMITED FIELDS TERMINATED BY ',' STORED AS TEXTFILE location '/output';

命令执行后的结果如图 8-6 所示。

```
hive> create external table action_external_hive(user_id int,item_id int,behavior_type in
t,item_category int,time string,city string)ROW FORMAT DELIMITED FIELDS TERMINATED BY ','
 STORED AS TEXTFILE location '/output';
OK
Time taken: 0.363 seconds
hive>
```

图 8-6　在 Hive 数据仓库中创建外部表

然后查询 action_external_hive 表的数据，结果如图 8-7 所示。

```
hive> select * from action_external_hive limit 10;
OK
10001082        110790001       1       13230   2018-12-14      广州
10001082        115464321       1       6000    2018-12-10      上海
10001082        115464321       1       6000    2018-12-10      广州
10001082        115464321       1       6000    2018-12-10      深圳
10001082        117708332       1       5176    2018-12-08      上海
10001082        117708332       1       5176    2018-12-08      上海
10001082        117708332       1       5176    2018-12-08      北京
10001082        117708332       1       5176    2018-12-08      深圳
10001082        120438507       1       6669    2018-12-02      北京
10001082        120438507       1       6669    2018-12-02      北京
Time taken: 0.19 seconds, Fetched: 10 row(s)
hive> ▊
```

图 8-7　查询 action_external_hive 表的数据

3. 创建中间表

要统计不同城市的浏览次数、收藏次数、加入购物车次数、购物次数，则需要创建中间表，以将各个城市的统计次数放入此表。在 Hive 中创建 user_action_stat 表的命令如下：

create table user_action_stat(city string,user_id int,viewcount int,addcount int,collectcount int,buycount int)ROW FORMAT DELIMITED FIELDS TERMINATED BY ',';

命令执行后的结果如图 8-8 所示。

```
hive> create table user_action_stat(city string,user_id int,viewcount int,addcount int,co
llectcount int,buycount int)ROW FORMAT DELIMITED FIELDS TERMINATED BY ',';
OK
Time taken: 0.154 seconds
hive> ☐
```

图 8-8　在 Hive 中创建中间表 user_action_stat

8.5　模块开发——数据分析

数据仓库创建好后，用户就可以编写 Hive SQL 语句进行数据分析了。在实际开发中，需要哪些统计指标通常由产品经理提出，而且会不断有新的统计需求产生。下面介绍统计不同城市、不同用户操作次数的方法。

由于同一个用户可能访问不同的页面，购买不同的商品，因此要统计同一用户访问页面的总次数、收藏商品的总次数、将商品添加进购物车的总次数、购买商品的总次数，可以使用如下 Hive SQL 语句：

insert overwrite table user_action_stat select city,user_id,sum(if(behavior_type=1,1,0)),sum(if(behavior_type = 2,1,0)),sum(if(behavior_type=3,1,0)),sum(if(behavior_type=4,1,0)) from action_external_hive group by city,user_id;

命令执行后的结果如图 8-9 所示。

```
hive> insert overwrite table user_action_stat select city,user_id,sum(if(behavior_type=1,
1,0)),sum(if(behavior_type=2,1,0)),sum(if(behavior_type=3,1,0)),sum(if(behavior_type=4,1,
0)) from action_external_hive group by city,user_id;
WARNING: Hive-on-MR is deprecated in Hive 2 and may not be available in the future versio
ns. Consider using a different execution engine (i.e. spark, tez) or using Hive 1.X relea
ses.
Query ID = root_20200727092352_0f841e33-ba6c-4f6e-b670-52207e338bb4
Total jobs = 1
Launching Job 1 out of 1
Number of reduce tasks not specified. Estimated from input data size: 1
In order to change the average load for a reducer (in bytes):
  set hive.exec.reducers.bytes.per.reducer=<number>
```

图 8-9　运营 HQL 进行数据分析

在 Hive 中查询 user_action_stat 表，结果如图 8-10 所示。

```
hive> select * from user_action_stat limit 10;
OK
上海     100605   318      0        4        2
上海     100890   45       0        0        1
上海     1014694  112      2        1        0
上海     1031737  172      0        3        0
上海     10001082          47       0        0        1
上海     10009860          78       0        0        2
上海     10011993          451      0        26       2
上海     10051209          139      5        0        4
上海     10088568          92       0        2        0
上海     10088967          140      0        30       1
Time taken: 2.234 seconds, Fetched: 10 row(s)
hive> 
```

图 8-10　查询 user_action_stat 表

8.6　模块开发——数据导出

使用 Hive 完成数据分析过程后，就要运用 Sqoop 将 Hive 中的表数据导出到关系数据库 MySQL 中，方便后续进行可视化处理。数据导出步骤如下：

(1) 首先通过 Navicat for MySQL 工具连接到 MySQL 数据库服务器，如图 8-11 所示。

图 8-11　创建 MySQL 连接

(2) 连接成功后，即可在MySQL中创建bizdb数据库，并在bizdb数据中创建action_stat，以存储 Hive 数据仓库中的 user_action_stat 表数据。创建 action_stat 表的 SQL 语句如下：

```
DROP TABLE IF EXISTS action_stat;
CREATE TABLE action_stat (
    city varchar(255) DEFAULT NULL,
    user_id int(10) DEFAULT NULL,
    vc int(10) DEFAULT NULL,
    ac int(10) DEFAULT NULL,
    cc int(10) DEFAULT NULL,
    bc int(10) DEFAULT NULL
) ENGINE=InnoDB DEFAULT CHARSET=utf8;
```

(3) 利用 Sqoop 工具将 Hive 数据仓库中的 user_action_stat 表数据迁移到 MySQL 的 bizdb 数据库 action_stat 表中，命令如下：

```
sqoop export --connect jdbc:mysql://slave1:3306/bizdb --username root --password 123456 --table action_stat --export-dir /WareHouse/user_action_stat --input-fields-terminated-by ','
```

(4) 在 MySQL 中执行 SQL 查询语句，查询 action_stat 表，结果如图 8-12 所示。

city	user_id	vc	ac	cc	bc
天津	101105140	262	0	4	1
天津	101153614	54	0	3	0
天津	101157205	82	0	3	2
天津	101157490	172	0	0	1
天津	101218834	240	0	4	0
天津	101245876	27	6	0	0
天津	101260069	64	4	1	0
天津	101263612	195	2	11	5
天津	101266396	127	0	15	3
天津	101267203	125	1	0	0
天津	101268049	28	0	1	1
天津	101289766	60	2	0	0
天津	101321698	47	0	4	1
天津	101322904	39	0	4	0
天津	101324044	77	0	0	1
天津	101364343	75	0	0	2
天津	101366281	285	0	0	8
天津	101380978	95	0	7	0
天津	101404654	312	20	6	9

图 8-12 查询 action_stat 表

8.7 模块开发——数据可视化

随着数据分析流程的结束，接下来就是将关系数据库中的数据展示在 Web 系统中，将抽象的数据图形化，便于非技术人员的决策与分析，且项目采用 ECharts 来辅助实现。下面讲解如何利用 Java EE 开发电商分析系统。

8.7.1 搭建电商分析系统

电商分析系统报表展示的是一个纯 Java EE 项目，可以让读者理解动态报表的实现过程。本项目采用传统的 JSP+Servlet 技术来实现。

1. 创建动态 Web 项目

打开 Eclipse，创建 Dynamic Web Project，项目名称为 BizReport，Target runtime 选择

Apache Tomcat v8.0，Dynamic web module version 选择 3.1，如图 8-13 所示。

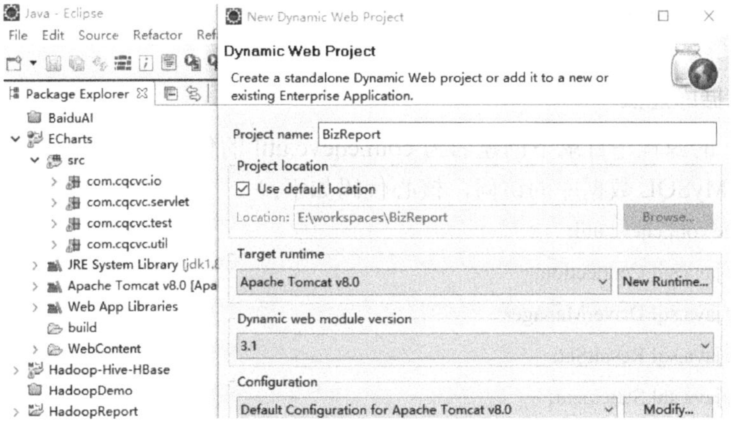

图 8-13　创建 Dynamic Web Project

在创建向导中，Context root 设置为 "/"，产生 web.xml 描述文件，选择 "是"(勾选)，如图 8-14 所示。

图 8-14　Context root 设置

2. 准备 js 组件和 jar 包

将 echarts.min.js 和 jquery.min.js 两个 javascript 文件拷贝到 WebContent 下的 js 目录下。同时将 MySQL 的 JDBC 驱动包及处理 JSON 数据格式的工具包拷贝到 WebContent\ WEB-INF\lib 目录下，如图 8-15 所示。

图 8-15　添加 js 和 jar 包

8.7.2 实现数据可视化

1. 创建数据库连接

在项目 src 的源程序目录下创建名为 com.cqcvc.util 的包，并编写名为 ConnDB 的工具类，主要实现 MySQL 数据库的访问，核心代码如下：

```java
package com.cqcvc.util;
import java.sql.Connection;
import java.sql.DriverManager;
import java.sql.ResultSet;
import java.sql.Statement;
/**
 * JDBC 操作工具类
 * @author Hunter
 * @created 2020-06-11
 */
public class ConnDB {
    static Connection conn=null;
    static Statement stmt=null;
    static ResultSet rs=null;
    static String hostName="localhost";
    static String dbName="cqcvc";
    static String userName="root";
    static String password="123456";
    static {
        try {
            Class.forName("com.mysql.jdbc.Driver");
            conn=DriverManager.getConnection("jdbc:mysql://"+hostName+":3306/"+ dbName+
"?useUnicode=true&characterEncoding=utf8", userName, password);
            stmt=conn.createStatement();
        } catch (Exception e) {
            e.printStackTrace();
        }
    }

    /**
     * 查询记录
     * @param args
     */
```

```
public static ResultSet search(String sql) {
    try {
        rs=stmt.executeQuery(sql);
    } catch (Exception e) {
        System.out.println("查询记录时发生异常："+e.toString());
    }
    return rs;
}

/**
 * 关闭连接，释放资源
 */
public static void close(){
    try{
        if(rs!=null){
            rs.close();
        }
        if(stmt!=null){
            stmt.close();
        }
        if(conn!=null){
            conn.close();
        }
    }catch(Exception e){
        System.out.println("释放连接时发生异常："+e.toString());
    }
}
}
```

2. 读取数据并转换成 json 格式

在项目 src 的源程序目录下创建名为 com.cqcvc.servlet 的包，并创建名为 DataServlet 的 Servlet，以实现读取 MySQL 的 cqcvc 库中 action_stat 表的数据，并利用 fastjson 工具包将读取的各个城市的浏览次数、购买次数数据转换成 json 格式。其核心代码如下：

```
package com.cqcvc.servlet;

import java.io.IOException;
import java.sql.ResultSet;
import java.sql.SQLException;
import java.util.HashMap;
```

```java
import java.util.Map;
import javax.servlet.ServletException;
import javax.servlet.annotation.WebServlet;
import javax.servlet.http.HttpServlet;
import javax.servlet.http.HttpServletRequest;
import javax.servlet.http.HttpServletResponse;
import com.alibaba.fastjson.JSON;
import com.cqcvc.util.ConnDB;

/**
 * 获取动态数据
 */
@WebServlet("/DataServlet")
public class DataServlet extends HttpServlet {
    private static final long serialVersionUID = 1L;

    protected void doGet(HttpServletRequest request, HttpServletResponse response) throws
        ServletException, IOException {
        request.setCharacterEncoding("utf-8");
        response.setContentType("text/html;charset=utf-8");
        try {
            ResultSet rs=ConnDB.search("select city, sum(vc) as sum_view,sum(bc) as
                    sum_buy from action_stat group by city");
            rs.last();
            int num=rs.getRow();
            Integer[] vc=new Integer[num];
            Integer[] bc=new Integer[num];
            String[] city=new String[num];
            rs.beforeFirst();
            while(rs.next()){
                num--;
                city[num]=rs.getString("city");
                vc[num]=rs.getInt("sum_view");
                bc[num]=rs.getInt("sum_buy");
            }
            Map<String, Object> map = new HashMap<>();
            map.put("citys", city);
            map.put("sum_view",vc);
            map.put("sum_buy", bc);
```

```
                response.getWriter().println(JSON.toJSONString(map));
            } catch (SQLException e) {
                System.out.println("查询记录时发生异常：" +e.toString());
            }
        }


    protected void doPost(HttpServletRequest request, HttpServletResponse response) throws
        ServletException, IOException {
            doGet(request, response);
        }

}
```

3. 创建 echarts.jsp 文件以展示 json 数据

创建 echarts.jsp 文件后，引入 echarts.min.js 和 jquery.min.js 文件，并先创建显示图表的 div，然后再初始化 ECharts 组件，最后通过 jquery 接收 json 数据，并展现在页面上。其核心代码如下：

```
<%@ page language="java" contentType="text/html; charset=UTF-8"  pageEncoding = "UTF-8"%>
<!DOCTYPE html>
<html>
<head>
<meta http-equiv="Content-Type" content="text/html; charset=UTF-8">
<title>电商数据可视化</title>
<!-- 1.引入 echarts.js -->
<script type="text/javascript" src="/js/echarts.min.js"></script>
<!-- 引入 jquery.js -->
<script type="text/javascript" src="/js/jquery.min.js"></script>
<style>
body{ text-align:center}
</style>
</head>
<body>
    <!-- 为 ECharts 准备一个具备大小(宽高)的 DOM-->
    <div id="main" style="width: 1200px; height: 600px;text-align:center;align:center; "></div>
    <script type="text/javascript">
        // 基于准备好的 dom，初始化 echarts 实例
        var myChart = echarts.init(document.getElementById('main'));
        var url = '/DataServlet';
        $.getJSON(url).done(function(json) {
            // 2.获取数据
```

```
viewVolume = json.sum_view;           //浏览次数
buyVolume = json.sum_buy;             //购买次数
cityVolume= json.citys;               //省市名
// 3.更新图表 myChart 的数据
var option = {
    title : {
        text :'各城市浏览次数与购买次数对比图'
    },
    tooltip : {},
    legend : {
        data : [ '浏览次数' ],
        data : [ '购买次数  ']
    },
    xAxis : {
        data : cityVolume
    },
    yAxis : {},
    series : [ {
        name :'浏览次数',
        type : 'bar',
        data : viewVolume
    }, {
        name :'购买次数',
        type : 'line',
        data : buyVolume
    } ],
    toolbox : {
        show : true,
        feature : {
            mark : {
                show : true
            },
            dataView : {
                show : true,
                readOnly : false
            },
            magicType : {
                show : true,
                type : [ 'line', 'bar' ]
```

```
                    },
                    restore : {
                        show : true
                    },
                    saveAsImage : {
                        show : true
                    }
                }
            },
        }
        myChart.setOption(option);
    })
</script>
</body>
```

从以上代码可以看出，首先编写一个 DIV 标签，id="main"，然后使用 jquery 事件创建 ECharts 图例，在 setOption 方法中的参数是固定模板，只需要添加所需的说明名字即可，ECharts 是通过 ajax 异步加载数据来实现动态填充 X 轴与 Y 轴坐标系数据的。

8.7.3　数据可视化展示

代码编写完毕后，选中项目鼠标右键，选择 Rus as→Run on server，将项目通过 Tomcat 发布，如图 8-16 所示。

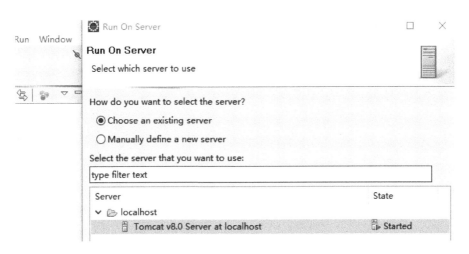

图 8-16　利用 Tomcat 发布 Web 项目

项目发布后启动 Tomcat 服务器，然后打开浏览器，并在浏览器地址栏中输入页面访问地址：http://localhost:8080/chart.jsp，出现的效果如图 8-17 所示。

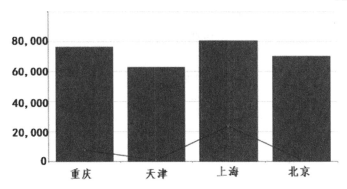

图 8-17　各城市浏览次数与购买次数对比

本 章 小 结

　　本章主要从大数据可视化项目的开发过程入手，简要介绍大数据处理分析、可视化的过程，并以 Hadoop 离线计算和 Hive 分析为基础，辅以 ECharts 工具进行数据可视化，综合实现电商数据的采集、预处理、存储、分析、可视化，以期让读者对大数据处理与分析过程有全面的了解。